# 확률통계

박정현 지음



KM 경문사

# 머리말

확률과 통계는 수학의 한 부분이면 통상적인 수학의 개념과는 접근 방식이 달라서 수험생에 따라서 자신감이 있는 사람과 자신 없어 하는 사람으로 확실히 구분이 된다. 임용고사를 비롯하여 통계학 시험을 쳐야 하는 사람들은 다양한 문제를 다루어 보아야 하는데 현재 문제 중심의 교재가 부족하고 교과서 중심의 많은 분량을 다시 검토하기가 쉽지 않다. 본 저서는 고등학교 기준의 확률 통계를 기본바탕으로 출발하여 대학에서 다루는 확률통계의 문제 중심으로 짧은 시간에 체계적으로 시험 준비를 해야 하는 사람을 위해서 만들어졌다. 특히 수학과 임용고사를 준비하는 학생들은 반드시 문제를 풀어보고 이해해야 할 필수 지침서라고 할 수 있다. 고등학교에서도 원만하게 다루는 순열·조합·중복순열·중복조합을 기본으로 확률과 관련된 다양한 문제를 다루고 있다. 확률 통계관련 모든 시험에도 충분히 대응할 수 있는 정도까지를 해설하고 있다. 순열·조합·확률을 배우기 시작한 때는 대부분의 수험자 흥미를 가지는데 학습이 진행될수록 어렵다고 느끼는 사람들이 많다. 문제의 설정이 일상적인 용어로 표현되어 있는 경우가 많아서 일반적으로 학습하는 수학의 개념과 접근 방법이 다른 것이 어느 정도까지 학습이 진행되면 어렵다고 느끼는 한 원인이다. 따라서 수열의 융합 문제에서는 끈기 있게 계산을 추진하는 것이 요구된다. 이러한 관점으로부터, 본서에서는

(1) 기본적 원리의 확인부터 시작

(2) 다양한 계산 기술을 소개한다.

(3) 쉬운 문제부터 단계적으로 어려운 문제로

(4) 임용고사 및 모든 통계관련 시험 추세를 전망하면서

문제해결을 위한 힘을 기르는 것을 목표로 하고 있다. 특히 수학과 임용고시를 목표로 하는 학생들은 확률 통계과목을 수강한 후에 반드시 본 저서로 문제해결 능력을 키우기를 바란다.

2017년 12월 저자 씀

# 목차

# PART 1

# 확률

# 1. 확률 기초이론

## 1) 용어 및 기초이론

(1) 시행 : 같은 조건에서 반복할 수 있으며 매번 결과가 달라질 수 있는 관찰이나 실험

(2) 사상(사건) : 시행에 의해서 일어나는 결과

(3) 경우의 수 : 어떤 사건이 일어나는 방법의 수를 경우의 수라 한다.

(4) 합의 법칙 : 사건 A와 사건 B가 동시에 발생할 수 없는 경우, 사건 A가 일어날 경우의 수가 $a$이고 사건 B가 일어날 경우의 수가 $b$일 때 사상 A 또는 B가 일어나는 경우의 수는 $a+b$이다.

(5) 곱의 법칙 : 사건 A가 일어날 경우의 수가 $a$이고 사건 B가 일어날 경우의 수가 $b$일 때 사간 A와 사건 B가 함께 일어나는 경우의 수는 $ab$이다.

## 2) 순열

(1) n개 중에서 r개를 뽑는데 뽑는 순서를 고려하는 경우를 순열이라 한다.

$$ {}_nP_r = n(n-1)(n-2)\cdots(n-r+1) \quad (r \le n) $$

$$ {}_nP_r = \frac{n!}{(n-r)!}, \quad n! = n\times(n-1)\times(n-2)\times,\cdots,\times 2\times 1 $$

$$ {}_nP_r = n_{n-1}P_{r-1} $$

(2) n개가 동일한 것을 포함하고 있는 경우 동일한 종류로 그룹을 만들어 k개의 그룹으로 나누어져 있고 각 그룹에 구성된 개수가 $m_1, m_2, \cdots, m_k$ $\left(n = \sum_{i=1}^{k} m_i\right)$ 이면 n개로 만들 수 있는 순열의 경우의 수는 $\dfrac{n!}{m_1!\,m_2!\,m_3!\cdots m_k!}$이다.

(3) 원 순열 : 서로 다른 n개를 둥그렇게 원을 만들 때 경우의 수는 (n-l)!이다.

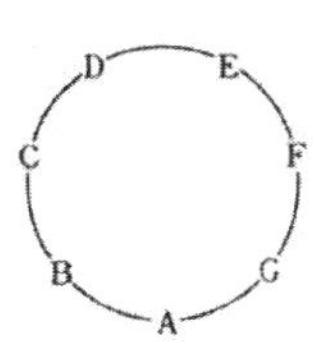


그림 1

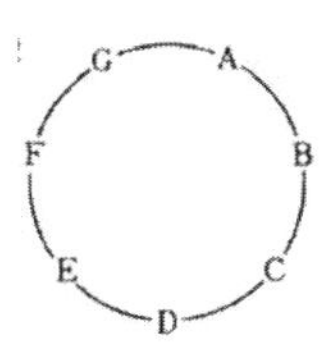


그림 2

**3) 조합 :** n개 중에서 r개를 뽑는데 뽑는 순서를 고려하지 않는 경우를 조합이라 한다.

$$ {}_{n}C_{r} = \frac{{}_{n}P_{r}}{r!} = \frac{n(n-1)(n-2)\cdots(n-r+1)}{r(r-1)\cdots 2\times 1} $$

$$ {}_{n}C_{r} = {}_{n}C_{n-r} \qquad (0 \le r \le n) $$

$$ {}_{n}C_{r} = {}_{n-1}C_{r} + {}_{n-1}C_{r-1} \qquad (1 \le r \le n-1) $$

**4) 중복조합 :** $n$개의 서로 다른 경우에 $r$개를 중복해서 배열하는 경우의 수를 말한다.

$$ {}_{n}H_{r} = {}_{n+r-1}C_{r} = {}_{n+r-1}C_{n-1} $$

**5) 중복 순열 :** 일반적으로 서로 다른 n개를 중복해서 뽑을 수 있는 경우를 말한다. n개 중에서 r개를 중복 선택하는 경우에 가능한 순열의 총수를 ${}_{n}\Pi_{r} = n^{r}$ 로 나타낸다.

**[참고]** $n$개의 상자에 $r$개의 공을 넣는 경우의 수로 구분할 수 있다.

(i) 공이 구별이 되고 한 개의 상자에 중복해서 넣을 수 있는 경우 :

$n^{r}$ (중복순열)

(ii) 공이 구별이 되고 한 개의 상자에 중복해서 넣을 수 없는 경우 :

${}_{n}P_{r} = n(n-1)(n-2)\cdots(n-r+1)$ (순열)

(iii) 공이 구별이 안 되고 한 개의 상자에 중복해서 넣을 수 없는 경우 :

$ {}_{n}C_{r} = \dfrac{n!}{(n-r)!\, r!} $ (조합)

(iv) 공이 구별이 안 되고 한 개의 상자에 중복해서 넣을 수 있는 경우 :

${}_{n}H_{r} = {}_{n+r-1}C_{r} = {}_{n+r-1}C_{n-1}$ (중복조합)

**[참고공식]**

(i) ${}_{n}C_{0} + {}_{n}C_{1} + \cdots + {}_{n}C_{n} = 2^{n}$

(ii) $_nC_0 - {_nC_1} + {_nC_2} - \cdots + (-1)^n {_nC_n} = 0$

(iii) $_nC_0 + {_nC_2} + {_nC_4} + \cdots = {_nC_1} + {_nC_3} + {_nC_5} + \cdots = 2^{n-1}$

(iv) 이항정리 : $(1+x)^n = 1 + {_nC_1}x + {_nC_2}x^2 + {_nC_3}x^3 + \cdots + {_nC_n}x^n$

(v) 다항정리 : 식 $(x+y+z+\cdots+w)^n$을 전개했을 때 $x^py^qz^r\cdots w^t$항의 계수는

$$\frac{n!}{p!\,q!\,r!\cdots t!} \quad (\text{단 } p+q+r+\cdots+t=n\ )$$

(vi) $_nH_r = {_nH_{r-1}} + {_{n-1}H_r}$

### 6) 확률

(1) 확률 : 하나의 사건이 일어날 수 있는 가능성을 수로 나타낸 것으로 동일한 원인에서 특정한 결과가 나오는 비율이다.

(2) 확률 값 : 한 시행에 있어서 일어날 수 있는 경우의 수가 $n$이고, 시행은 이 경우의 수 $n$ 중에서 어떤 것이 일어나는 것 역시 확실할 때, 사건 $E$가 발생할 경우의 수가 $a$면 사건 $E$가 일어날 확률 값은 $\frac{a}{n}$이다.

(3) 확률함수 $P(\circ)$의 정의 : 다음 세 조건을 만족하는 함수를 확률함수라 한다.

(i) $P(S) = 1$

(ii) 임의의 사건 $E$에 대해서, $0 \le P(E) \le 1$

(iii) 임의의 두 사건 $E$, $F$가 $E \cap F = \varnothing$ 이면, $P(E \cup F) = P(E) + P(F)$

(4) 확률의 성질

(i) $P(\varnothing) = 0$

(ii) $P(\overline{A}) = 1 - P(A)$

(iii) $P(A \cup B) = P(A) + P(B) - P(A \cap B)$

### 7) 조건부확률

두 사건 $A$, $B$에 대해서

$$P(A|B) \equiv \frac{P(A \cap B)}{P(B)}$$

을 조건 $B$에서 사건 $A$가 일어날 확률(조건부확률)이라 한다.

### 8) 베이즈정리(Bayes'theorem)

$S$가 표본공간이고 사건 $A_1,\cdots,A_N$이 표본공간 $S$의 분할이고, 즉 $\bigcup_{i=1}^{n} A_i = S$이고 $A_i$ 들이 서로 배반사건이면 다음이 성립한다.

$$P(A_k|B) = \frac{P(A_k \cap B)}{P(B)} = \frac{P(A_k)P(B|A_k)}{\sum_{i=1}^{n} P(A_i)P(B|A_i)}$$

### 9) 독립사건

두 사건 $A$, $B$에 대해서 $P(A \cap B) = P(A)P(B)$ 이면 사건 $A$와 사건 $B$를 독립이라 한다. 독립이 아닌 두 사건을 종속이라고 한다.

사건 $E$와 $F$가 독립이면 $E$와 $F^c$도 독립이다.

**[참고]** 두 사건 A, B가 서로 독립인 것을 증명하는 과정

i ) $P(A \cap B)$을 구한다.

ii ) $P(A)$와 $P(B)$을 구한다.

iii ) $P(A) \cdot P(B)$을 구한다.

iv ) $P(A \cap B) = P(A) \cdot P(B)$이 성립되는지 판단한다.

v ) iv )가 성립하면 독립이다.

### 10) 독립시행정리

매회 독립적으로 실험이 이루어지고 사건 $A$가 일어날 확률이 $p$일 때 $n$번 실험할 경우 $r$번 사건 $A$가 일어날 확률은 ${}_nC_r p^r (1-p)^{n-r}$이다.

### 11) 확률변수

유한개의 점 $a_1, a_2, \cdots, a_n$에서 각각 확률 $p_1, p_2, \cdots, p_n$을 가지는 변수 $X$을 확률변수라 한다. 단 $p_i > 0$, $i = 1, 2, \cdots, n$, $p_1 + p_2 + \cdots + p_n = 1$. 점 $a_1, a_2, \cdots, a_n$을 질량점이라고 한다. 즉

$$P\{X = a_i\} = p_i .$$

이때 유한개의 점은 가산무한개의 점으로 확장할 수 있고 이런 확률변수를 이산 확률변수라 한다.

**12) 기댓값(평균)**

확률변수 $X$의 질량점이 $a_1, a_2, \cdots, a_n$이고 각각의 확률이 $p_1, p_2, \cdots, p_n$일 때

$$E[X] \equiv M \equiv a_1 p_1 + a_2 p_2 + \cdots + a_n p_n$$

을 확률변수 $X$의 기댓값(평균)이라 한다.

**[기댓값의 성질]**

두 개의 확률변수 $X, Y$에 대해서 $E[X+Y] = E[X] + E[Y]$이 성립한다.

두 개의 확률변수 $X, Y$가 독립이면 $E[XY] = E[X]\,E[Y]$이 성립한다.

## 2. 경우의 수, 순열, 중복순열, 중복조합 문제

**[Ex 001]** 경우의 수 - 합의 법칙

10에서 1000까지 정수 중에서 4 또는 5 또는 6의 배수는 몇 개인가?

**Solution)**

(가) 4의 배수는 $12, 16, 20, \cdots, 1000$ 으로 초항이 12이고 공차가 4인 등차수열이기 때문에, 4의 배수인 수의 개수를 $x$라 하면 $1000 = 12 + 4(x-1)$ 이 성립한다. 따라서 $x = 248$ 이다. 즉 4의 배수는 248개이다.

(나) 5의 배수는 $10, 15, \cdots, 1000$ 으로 초항 10, 공차 5의 등차수열이기 때문에, 5의 배수인 수의 개수를 $y$라 하면 $1000 = 10 + 5(y-1)$이다. 따라서 $y = 199$임을 알 수 있다.

(다) 같은 방법으로 6의 배수인 수의 개수를 $z$라 하면 $996 = 12 + 6(z-1)$ 이므로 z=165이다.

(마) 4와 5의 공배수는 20의 배수이므로 $20, 40, \cdots, 1000$ 이고 그 개수를 $c_1$이라 두면 같은 방법으로 $1000 = 20 + 20(c_1 - 1)$로부터 $c_1 = 50$이다.

(바) 4와 6의 공배수는 12의 배수이므로 $12, 24, \cdots, 996$ 이고 그 개수를 $c_2$이라 두면 같은 방법으로 $996 = 12 + 12(c_2 - 1)$로부터 $c_2 = 83$이다.

(사) 5와 6의 공배수는 30의 배수이므로 $30, 60, \cdots, 990$ 이고 그 개수를 $c_3$이라 두면 같은 방법으로 $990 = 30 + 30(c_3 - 1)$로부터 $c_3 = 33$이다.

(아) 4, 5, 6의 공배수는 60의 배수이므로 $60, 120, \cdots, 960$ 이고 그 개수를 $d$라 두면 같은 방법으로 $960 = 60 + 60(d-1)$로부터 $d = 16$이다.

$m$을 4 또는 5 또는 6의 배수의 개수라 하면

$$m = (248 + 199 + 165) - (50 + 83 + 33) + 16 = 462$$

이다. ■

**[Ex 002]** 경우의 수 - 곱의 법칙

1176의 약수의 개수를 구하고 약수의 합을 구하라. 단, 1과 1176도 약수에 포함된다.

**Solution)**

1176을 소인수 분해하면 $1176 = 2^3 \times 3 \times 7^2$이다. 약수의 형식인 $2^\alpha \times 3^\beta \times 7^\gamma$로부터

$$\alpha = 0, 1, 2, 3, \quad \beta = 0, 1, \quad \gamma = 0, 1, 2$$

이므로 $\alpha, \beta, \gamma$는 각각 4가지, 2가지, 3가지의 경우의 수를 가지므로 약수의 개수는 $4 \times 2 \times 3 = 24$이다. 약수의 합 $S$는

$$\begin{aligned} S &= (2^0 + 2^1 + 2^2 + 2^3)(3^0 + 3^1)(7^0 + 7^1 + 7^2) \\ &= 15 \times 4 \times 57 = 3420. \end{aligned}$$

■

**[Ex 003]** 경우의 수 - 곱의 법칙

(1) 10원짜리와 50원짜리 동전을 조합해서 합계 $(50 \times n)$원을 만드는 경우의 수는 얼마인가?

(2) 10원, 50원, 100원짜리 동전을 조합해서 합계 $(100 \times n)$원을 만드는 경우의 수는 얼마인가?

(3) 10원, 50원, 100원, 500원짜리 동전을 조합해서 만 원을 만드는 경우의 수는 얼마인가?

**Solution)**

(1) 50원 짜리 동전을 사용할 개수가 정해지면 남은 액수는 10원짜리 동전을 사용하므로 50원짜리 동전을 사용하는 경우의 수만 생각하면 된다. $(50 \times n)$원을 만들기 위해 50원 짜리 동전을 사용할 수 있 경우의 수는 $(n+1)$이다.

(2) 100원짜리 동전을 $k$개 사용한다고 하면 50원과 10원짜리 동전을 사용하게 될 금액은 $100n - 100k = 50(2n - 2k)$이다.

(1)번을 이용하면 $100n - 100k = 50(2n - 2k)$을 만들 수 있는 경우의 수는 $(2n - 2k + 1)$이다. 따라서 100원짜리 동전을 사용하는 수 $k = 0, 1, 2, \cdots, n$이므로 경우의 수는

$$\begin{aligned} \sum_{k=0}^{n} (2n - 2k + 1) &= \sum_{k=0}^{n} (2n+1) - 2\sum_{k=0}^{n} k \\ &= (2n+1)(n+1) - 2\frac{(n+1)n}{2} \end{aligned}$$

$$= (n+1)(2n+1-n) = (n+1)^2$$

(3) 500원짜리 동전을 $k$ 개 사용한다고 하면 100원, 50원, 10원 동전으로 만들 금액은 $10000-500k=100(100-5k)$원이 된다.

(2)의 사실로부터 이 경우의 수는 $(100-5k+1)^2$ 이 된다. 사용하는 500원짜리 동전 수 $k=0, 1, 2, \cdots, 20$ 이므로 구하는 경우의 수는

$$\begin{aligned}
&\sum_{k=0}^{20}(100-5k-1)^2 \\
&= \sum_{k=0}^{20}(101^2-1010k+25k^2) \\
&= 101^2\times 21-1010\sum_{k=0}^{20}k+\sum_{k=0}^{20}k^2 \\
&= 214221-1010\frac{20\times 21}{2}+25\frac{20\times 21\times 41}{6} \\
&= 214221-212100+71750=73871.
\end{aligned}$$

■

**[Ex 004]** 경우의 수 - 순열

5색의 그림물감을 사용하여 다음 그림의 A, B, C , D , E 영역을 칠한다.

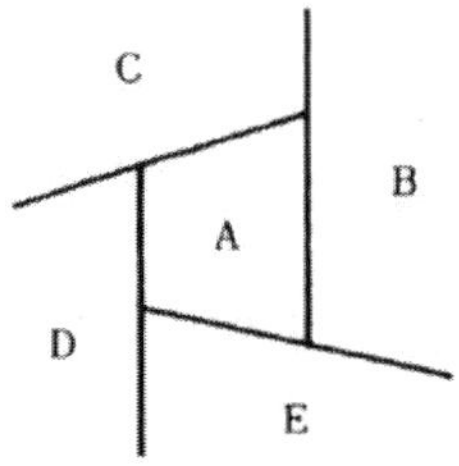


(1) 모든 색이 다른 경우는 몇 가지인가?

(2) 같은 색을 몇 번 써도 좋지만, 인접 부분은 다른 색으로 하는 경우는 몇 가지인가?

**Solution)**

(1) 5가지 전부를 사용하는 경우이므로 요구하는 경우의 수는

$${}_5P_5=5!=5\times 4\times 3\times 2\times 1=120\ .$$

(2) 먼저 A, B, C 세 곳을 생가하자. 3군데는 서로 다른 색을 칠해야 하므로 경우의 수는

$${}_5P_3 = 5\times 4\times 3 = 60\,.$$

이다. 그리고 D와 E의 바르는 방법에 대해서 2가지 경우를 나누어 생각한다.

i) B와 D가 같은 색 일 때

E의 바르는 방법은 그 A, B, (D)와 다르므로 3가지.

ii) B와 D가 다른 색 일 때

D의 바르는 방법은 그 A, B, C와 다르므로 2가지 있다,

E의 바르는 방법은 그 A, B, D과 다르므로 2가지 있다.

그러므로 D와 E의 바르는 방법은 2x2=4가지이다.

따라서 A, B, C의 바르는 방법이 정해진 때 D, E의 바르는 방법은 7가지이므로, 전체 경우의 수는 60 x 7 = 420(가지)이다. ■

**[Ex 005]** 경우의 수 - 순열

정수 0, 1, 2, 3, 4의 숫자 5개를 모두 사용하여 5자릿수의 정수를 만든다. 이 숫자의 나열을 거꾸로 해도 5자리 정수가 되도록 만드는 경우의 수를 구하라.

**Solution)**

정수 0이 어떤 자리에 들어가도 된다면 5자릿수의 정수를 만들 수 있는 경우의 수는 ${}_5P_5 = 5! = 120$ 이다. 하지만 만 단위 자리에 0이 들어갈 수 없으므로 만 단위 자리에 0이 들어갈 경우의 수는 ${}_4P_4 = 4! = 24$이고 거꾸로 나열해도 5자리 정수가 되어야하므로 일 단위 자리에도 0이 들어갈 수 없고 이 경우의 수도 ${}_4P_4 = 4! = 24$이다. 따라서 만족하는 경우의 수는 $120-(24+24)= 72$ 가지이다.

**[Ex 006]** 경우의 수 - 순열

남녀 5명씩 총 10명의 학생이 남녀 한명씩 두 명의 선생님과 원형탁자에 앉아서 토론을 하고자 한다. 두 명의 선생님은 이웃한 2개의 자리에 앉기로 했다.

(1) 앉을 수 있는 경우의 수는 얼마인가?

(2) 선생님을 포함하여 남녀가 번갈아 앉게 하는 경우의 수는 얼마인가?

(3) 선생을 포함하여 남녀가 나뉘어 앉게 하는 경우의 수는 얼마인가?

**Solution)**

(1) 선생님 두 사람의 앉는 법은 2가지이다. 그리고 10명의 학생이 앉는 방법은

$$_{10}P_{10} = 10! = 3628800$$

이므로 전체 경우의 수는 $2 \times 3628800 = 7257600$ (가지).

(2) 선생님의 자리가 정해지면 그에 따른, 여학생 5자리와 남학생의 5자리가 정해지고 각각 5명씩의 남녀 학생이 앉으니까, 학생의 앉는 경우의 수는

$$_5P_5 \times {}_5P_5 = 5! \times 5! = 14400$$

이므로 전체 경우의 수는 $2 \times 14400 = 28800$ (가지).

(3) 선생님의 자리가 정해지면 그에 따른, 남학생의 자리, 여학생의 자리가 정해진다. 이것은 (2)와 같은 경우의 수를 가진다. 28800(거리). ■

**[Ex 007]** 경우의 수 - 그룹으로 구분되는 순열

(1) 6개의 빨간 구슬과 5개의 파란 구슬이 있다. 이들을 1줄로 늘여 놓을 수 있는 경우의 수는 얼마인가?

(2) (1)에서 좌우 대칭이 되도록 늘여 놓는 경우의 수는 얼마인가?

**Solution)**

(1) 빨간 구슬과 파란 구슬 2그룹이 있고 각각 6개, 5개로 합계 11개이므로

$$\frac{11!}{6! \times 5!} = 462. \text{(가지)}$$

(2) 좌우 대칭이 되려면 홀수 개인 파란구슬이 중앙에 위치해야한다. 그리고 좌우로 각각 5개씩 배열이 되어야 하는데 빨간 구슬 3개 파란구슬 2개로 구성되어야한다. 따라서

$$\frac{5!}{3! \times 2!} = 10. \text{(가지)}$$

■

**[Ex 008]** 다음 그림과 같은 바둑판 모양의 길이 있다. B지점에서 A지점까지 최단 거리로 가는 길은 (예를 들어 점선처럼) 모두 몇 가지인가?

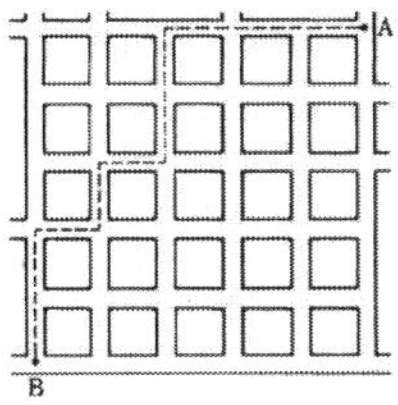

**Solution)** B 지점에서 우측으로 1구획만 가는 것을 $X$,

B 지점에서 위로 1구획만 가는 것을 $Y$

라 하면 B에서 A 까지 최단 거리로 가는 길은 $X$를 5개와 $Y$를 5개를 1줄로 늘어놓은 순열과 같다. 따라서 경우의 수는

$$\frac{10!}{5! \times 5!} = 252 \text{ (가지)}$$

가 된다 ■

**Ex 009]** 경우의 수 – 중복순열

A-Z의 26글자를 사용하여 4자리 단어를 만들 수 있는 경우의 수는 얼마인가?

**Solution)**

4자리 단어 중에서 첫 번째 자리 글자를 선택할 수 있는 방법은 26가지이다. 두 번째 자리에 사용할 글자도 첫 번째 쓴 글자도 사용할 수 있으므로 역시 26가지이고 같은 방법으로 세 번째, 네 번째 자리의 글자도 각각 26가지이므로 전체 경우의 수는 $26^4$ 이다. ■

**Ex 010]**

모스부호는 단점의 짧은 신호와 단점 길이의 세배가 되는 긴 신호 두 가지 부호로 A-Z의 26글자와 0부터 9까지의 숫자를 36자를 표현한다. 모스부호로 표현되는 모든 글자는 최대 몇 개의 길고 짧은 모스부호로 표현되는가?

**Solution)**

부호는 길고 짧은 것 2가지뿐이고 이것을 중복해서 사용하므로 중복순열로 ${}_2\Pi_r = 2^r$

이다. 모스부호 n개를 이용하여 나타낼 수 있는 글자의 수는

$$2^1+2^2+\cdots+2^n=\frac{2(2^n-1)}{2-1}=2(2^n-1)$$

이 된다. 표현하고자 하는 글자의 전체 수가 36이므로

$$2(2^n-1)\geq 36 \rightarrow 2^n-1\geq 18$$
$$\rightarrow 2^n\geq 19 \qquad \therefore n\geq 5$$

가 된다. 즉 5개의 모스부호면 36개의 글자를 표현할 수 있다. ■

**Ex 011]** 경우의 수 - 원순열

7명의 아이가 손을 잡고 둥글게 원을 만들 수 있는 경우의 수는 얼마인가?

**Solution)**

7명의 아이를 $A, B, C, \cdots, G$ 라고하자. 등근 원모양을 만들 때는 위치문제를 고려하여야 한다. 아래 [그림 1]과 [그림 2]는 같은 경우이다. 따라서 한명이 기준이 되면 나머지 6명에 대한 순열과 같으므로 $6!=720$ (가지)이다.

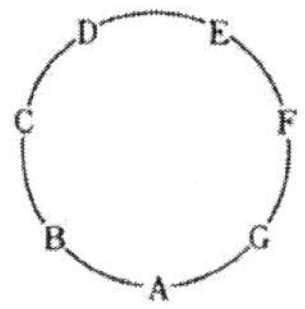


그림 1

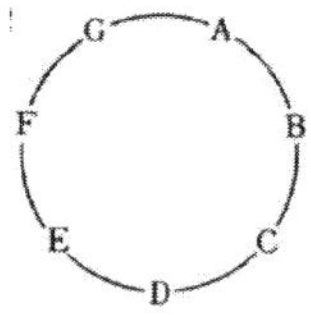


그림 2 ■

**[Ex 012]** 경우의 수-조합

1부터 10까지의 자연수로 줄을 세우려고 한다. 줄의 순서로 $a_1, a_2, \cdots, a_{10}$ 일 때 다음 세 조건을 만족하도록 하는 경우의 수는 얼마인가?

(1) $a_1<a_4<a_7<a_{10}$ (2) $a_2>a_5>a_8$ (3) $a_3<a_6<a_9$

**Solution)**

10개의 수중에서 먼저 4개를 뽑고 작은 순서로 $a_1$, $a_4$, $a_7$, $a_{10}$를 정한다. 이 경우의

수는 ${}_{10}C_4$ 이다. 나머지 6개의 수중에서 3개를 뽑고 큰 순서로 $a_2$, $a_5$, $a_8$ 을 정한다. 그리고 나머지 세 개의 수로 작은 순서로 $a_3$, $a_6$, $a_9$ 을 정하면 된다. 따라서 경우의 수는

$${}_{10}C_4 \times {}_6C_3 = \frac{10\times 9\times 8\times 7}{4\times 3\times 2\times 1}\times\frac{6\times 5\times 4}{3\times 2\times 1} = 4200 \quad (\text{가지})$$

이다. ■

**[Ex 013]** 경우의 수 -조합

$A$, $B$, $C$, $D$ 4인이 토너먼트 경기를 치를 수 있는 경우의 수는 3가지이다.

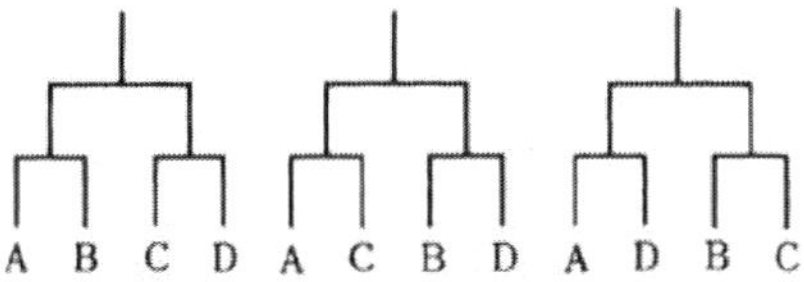


만약 8명이 토너먼트 경기를 한다면 경우의 수는 얼마인가?

**Solution)**

8명을 4명씩 두 그룹으로 나누자. 그러면 4명씩 두 그룹의 나누는 경우의 수는

$${}_8C_4 = \frac{8\times 7\times 6\times 5}{4\times 3\times 2\times 1} = 70 \ (\text{가지})$$

이다. 4명씩 두 그룹으로 나누므로 1그룹 결정되면 2그룹은 자동으로 정해진다. 따라서 실제 경우의 수는 35(가지)이다. 각 그룹은 4명이므로 토너먼트로 경기를 치를 경우의 수가 3가지이므로 전체 경우의 수는 $35\times 3\times 3 = 315$이다. ■

**[Ex 014]** 경우의 수 -조합

${}_nC_{k-1}$, ${}_nC_k$, ${}_nC_{k+1}$ 이 등차수열이라고 한다. 자연수 $n<15$ 일 때 등차수열의 조건을 만족하는 $n$, $k$ 의 쌍은 몇 개인가?

**Solution)**

$k<\dfrac{n}{2}$ 이면 ${}_nC_{k-1}<{}_nC_k\leq{}_nC_{k+1}$이고 $k>\dfrac{n}{2}$ 이면 ${}_nC_{k-1}\geq{}_nC_k>{}_nC_{k+1}$이고

$k=\dfrac{n}{2}$ 이면 ${}_nC_{k-1}={}_nC_{k+1}\neq {}_nC_k$이므로 ${}_nC_{k-1}$, ${}_nC_k$, ${}_nC_{k+1}$ 순서로 등차수열을 이룬다. 따라서 $2\,{}_nC_k={}_nC_{k-1}+{}_nC_{k+1}$ 가 된다.

$$\frac{2\times n!}{k!\,(n-k)!}=\frac{n!}{(k-1)!\,(n-k+1)!}+\frac{n!}{(k+1)!\,(n-k-1)!}$$

양변에 $n!$ 을 나누고 $(k+1)!\,(n-k+1)!$ 을 나누면

$$2(k+1)(n-k+1)=k(k+1)+(n-k)(n-k+1)$$

이 되고, 이 식을 정리하면

$$(n-2k)^2=n+2$$

로 정리된다. $0<n<15$인 조건으로부터 우측 항 $(n+2)$이 가질 수 값은 4, 9, 16이므로 $n=2,\ 7,\ 14$ 을 가질 수 있다.

$n=2$ 이면 $(2-2k)^2=4$ 이므로 $k=0,\ 2$이고 이 경우 ${}_nC_{k-1}$ 또는 ${}_nC_{k+1}$ 이 될 수 없다. $n=7$ 이면 $(7-2k)^2=9$이므로 $k=2,\ 5$ 이고 $n=14$ 이면 $(14-2k)^2=16$이므로 $k=5,\ 9$ 이다.

따라서 $(n,k)=(7,2),\ (7,5),\ (14,5),\ (14,9)$ 가 되어 쌍은 4개가 된다. ■

**[Ex 015]** 경우의 수 -조합

$x_i\,(1\le i\le 9)$가 $+2$ 또는 $-1$의 값을 가질 때 $\sum_{i=1}^{9}x_i=0$을 만족하는 해는 몇 개인가?

**Solution)**

9개의 $x_i$ 중에서 $+2$을 가지는 개수를 $n$이라하면 나머지 $(9-n)$개는 $-1$을 가진다. 따라서 $2n-(9-n)=0$이 성립해야 되고 이 식을 만족하는 경우는 $n=3$이다. 즉

$${}_9C_3=\frac{9\times 8\times 7}{3\times 2\times 1}=84$$

이다. ■

**[Ex 016]** 경우의 수 -중복조합

A, B, C 3개의 상자에, 동일한 구슬 7개를 넣으려고 한다. 넣을 수 있는 경우의 수는 얼마인가? 그리고 각 상자에 적어도 한 개의 공이 있도록 하는 경우의 수는 얼마인가?

**Solution)**

각 상자에는 7개 까지 구슬이 들어갈 수 있으므로 구슬이 구분이 가능하다면 7개 구슬에 대한 순열이 된다. 그러나 구별이 안 되는 구슬이므로 조합이 되고 중복이 가능한 경우이므로

$$_3H_7 = {}_{3+7-1}C_7 = {}_9C_2 = \frac{9\times8}{2\times1} = 36(\text{가지})$$

이다. 각 상자에 적어도 하나의 구슬이 있어야 하므로 처음 3개의 구슬을 상자에 하나씩 넣고 나머지 4개를 A, B, C 3개의 상자에 넣는 경우와 같다. 따라서

$$_3H_4 = {}_{3+4-1}C_4 = {}_6C_4 = {}_6C_2 = \frac{6\times5}{2\times1} = 15(\text{가지})$$

이다. ■

**[Ex 017]** 경우의 수 -중복조합

식 $(a+b+c)^8$을 전개하여 정리하면 항의 수는 몇 개인가?

**Solution)**

식 $(a+b+c)^8$ 을 전개하면 각각의 항은 $a^l b^m c^n$ (단 $l, m, n$는 음이 아닌 정수이고 $l+m+n=8$ )으로 표시된다. 이 경우는 $a, b, c$ 세 상자에 동일한 8개의 구슬을 나누는 경우와 같다. 즉 중복조합으로 항의 수는 다음과 같다.

$$_3H_8 = {}_{3+8-1}C_8 = {}_{10}C_8 = {}_{10}C_2 = \frac{10\times9}{2\times1} = 45$$ ■

**[Ex 018]** 경우의 수 -중복순열

네 개의 자연수 $w, x, y, z$ 으로 만들어진 방정식 $w+x+y+z=10$을 만족하는 해는 몇 개인가? (단 $w=1, x=y=z=3$과 $x=1, y=z=w=3$ 는 다른 해이다.)

**Solution)**

$w, x, y, z$가 자연수 이므로 모두 1보다 크거나 같아야한다. 따라서

$$(w-1)+(x-1)+(y-1)+(z-1)=6$$

인 경우와 같다. 즉 4개의 상자에 6개의 구슬을 넣는 중복순열이다.

$$_4H_6 = {}_{4+6-1}C_6 = {}_9C_6 = {}_9C_3 = \frac{9\times8\times7}{3\times2\times1} = 84.$$ ■

**[Ex 019]** 경우의수 -중복조합

$f: A \to B$ 가 함수일 때 (단 $A=\{1, 2, 3, 4\}$, $B=\{1, 2, 3, 4, 5, 6, 7\}$),

(1) $i \neq j \to f(i) \neq f(j)$ 을 만족하는 함수는 몇 개인가?

(2) $i < j \to f(i) < f(j)$ 을 만족하는 함수는 몇 개인가?

(3) $i < j \to f(i) \leq f(j)$ 을 만족하는 함수는 몇 개인가?

**Solution)**

(1) 공이 구별이 되고 한 개의 상자에 중복해서 넣을 수 없는 경우, 즉 순열이다.

$$_7P_4 = 7\times6\times5\times4 = 840$$

(2) 구분할 수 없는 4개의 공을 7개의 상자에 넣는 경우로 첫 번째 넣은 것을 $f(1)$, 두 번째 넣은 것을 $f(2)$의 방법으로 두면 중복해서 넣을 수 없으므로 조합의 경우이다. 즉

$$_7C_4 = {}_7C_3 = \frac{7\times6\times5}{3\times2\times1} = 35$$

(3) 구분할 수 없는 4개의 공을 7개의 상자에 넣는 경우로 중복해서 넣을 수 있는 중복조합이다.

$$_7H_4 = {}_{7+4-1}C_4 = {}_{10}C_4 = \frac{10\times9\times8\times7}{4\times3\times2\times1} = 210$$ ■

## 3. 이항정리, 다항정리 문제

**[Ex 020]** 이항정리

$\left(x^2-\dfrac{2}{x}\right)^6$ 을 전개하시오.

**Solution)**

$$\left(x^2-\frac{2}{x}\right)^6=\left\{x^2+\left(-\frac{2}{x}\right)\right\}^6$$

$$={}_6C_0\,(x^2)^6+{}_6C_1\,(x^2)^5\left(-\frac{2}{x}\right)+{}_6C_2\,(x^2)^4\left(-\frac{2}{x}\right)^2+{}_6C_3\,(x^2)^3\left(-\frac{2}{x}\right)^3$$

$$+{}_6C_4\,(x^2)^2\left(-\frac{2}{x}\right)^4+{}_6C_5\,(x^2)\left(-\frac{2}{x}\right)^6+{}_6C_6\left(-\frac{2}{x}\right)^6$$

$$=x^{12}+6x^{10}\left(\frac{-2}{x}\right)+15x^8\left(\frac{4}{x^2}\right)+20x^6\left(\frac{-8}{x^3}\right)+15x^4\left(\frac{16}{x^4}\right)+6x^2\left(\frac{-32}{x^5}\right)+\frac{64}{x^6}$$

$$=x^{12}-12x^9+60x^6-160x^3+240-\left(\frac{192}{x^3}\right)+\frac{64}{x^6}.$$ ■

**[Ex 021]** 이항정리

$\left(x^2-\dfrac{1}{2x^3}\right)^5$ 의 상수항은 얼마인가?

**Solution)**

식의 전개에서 일반항은

$${}_5C_r\,(x^2)^{5-r}\left(-\frac{1}{2x^3}\right)=\left(-\frac{1}{2}\right)^r{}_5C_r\,x^{10-5r}$$

이다. 상수항은 $10-5r=0$, 즉 $r=2$인 경우이다. 따라서 상수는 다음과 같다.

$$\left(-\frac{1}{2}\right)^2{}_5C_2=\frac{1}{4}\,\frac{5\times4}{2\times1}=\frac{5}{2}$$ ■

**[Ex 022]** 이항정리

$12^{100}$을 10으로 나누었을 때 나머지는 얼마인가.

**Solution)**

$$12^{100} = (10+2)^{100} = \sum_{i=0}^{100} {}_{100}C_i \, 10^{100-i} 2^i$$

이다. 여기서 $2^{100}$, 즉 $i=100$ 인 경우를 제외한 나머지 항은 모두 10의 배수이다.

$$2^{100} = (2^{10})^{10} = 1024^{10} = (1020+4)^{10}$$

이고, 역시 $4^{10}$ 을 제외한 나머지항도 10의 배수이다.

$$4^{10} = (2^2)^{10} = (2^{10})^2 = 1024^2 = (1020+4)^2$$

이고, 역시 $4^2$ 을 제외한 항은 10의 배수이고 $4^2 = 16$ 이므로 나머지는 6 이다. ■

**[Ex 023]** 이항정리

${}_nC_1 + 2 \times {}_nC_2 + 3 \times {}_nC_3 \cdots + n \times {}_nC_n$ 의 값을 구하시오.

**Solution)**

이항정리로부터

$$(1+x)^n = 1 + {}_nC_1 x + {}_nC_2 x^2 + {}_nC_3 x^3 + \cdots + {}_nC_n x^n$$

이고, 이식을 미분하면

$$n(1+x)^{n-1} = {}_nC_1 + 2\,{}_nC_2 x + 3\,{}_nC_3 x^2 + \cdots + n\,{}_nC_n x^{n-1}$$

이고 $x=1$ 을 대입하면

$$n(2)^{n-1} = {}_nC_1 + 2\,{}_nC_2 + 3\,{}_nC_3 + \cdots + n\,{}_nC_n$$

이므로 구하는 답은 $n2^{n-1}$이다. ■

**[Ex 024]** 이항정리

$n \geq 5$ 이면 $2^n > n^2$ 이 성립함을 보여라.

**Solution)**

$$
\begin{aligned}
2^n = (1+1)^n &= {}_nC_0 + {}_nC_1 + {}_nC_2 + \cdots + {}_nC_n \\
&> {}_nC_0 + {}_nC_1 + {}_nC_2 + {}_nC_3 \\
&= 1 + n + \frac{n(n-1)}{2} + \frac{n(n-1)(n-2)}{6} \\
&= 1 + \frac{5}{6}n + \frac{1}{6}n^3
\end{aligned}
$$

$$
\begin{aligned}
\therefore 2^n - n^2 &> 1 + \frac{5}{6}n + \frac{1}{6}n^3 - n^2 \\
&= 1 + \frac{1}{6}n(n^2 - 6n + 5) \\
&= 1 + \frac{1}{6}n(n-5)(n-1) > 0
\end{aligned}
$$

이므로 $2^n > n^2$ 이 성립한다. ■

**[Ex 025]** 다항정리

$(x+y+2z)^6$ 을 전개했을 때 $x^3y^2z$의 계수를 구하라.

**Solution)**

$x^3y^2(2z)$의 계수가

$$\frac{6!}{3!\,2!\,1!} = \frac{6 \times 5 \times 4}{2} = 60$$

이므로 $x^3y^2z$의 계수는 $60 \times 2 = 120$ 이다. ■

**[Ex 026]** 다항정리

$(x^3 + \sqrt{2}x + \sqrt[3]{3}x + 1)^{100}$ 을 전개했을 때 $x^{296}$의 계수를 구하라.

**Solution)**

이항정리에 의해 일반항은

$$\frac{100!}{p!\,q!\,r!\,s!}(x^3)^p(\sqrt{2}\,x^2)(\sqrt[3]{3}\,x)^r\,1^s = \frac{100!\,(\sqrt{2})^p(\sqrt[3]{3})^r}{p!\,q!\,r!\,s!}x^{3p+2q+r}$$

이고 $p+q+r+s=100$ 이다. $x$의 차수가 296이므로

$$\begin{cases} p+q+r+s=100 & \cdots ① \\ 3p+2q+r=296 & \cdots ② \end{cases}$$

을 구하면 된다.

①×3−②를 하면 $q+2r+3s=4$이므로 $q+2r=4-3s$이다.

그리고 $q,\ r,\ s$는 음이 아닌 정수이므로 $s=0,\ 1$이고 $q+2r=1,\ 4$이다. 즉

$$\therefore (q, r) = (0,2),\ (1,0),\ (2,1),\ (4,0).$$

식 ②에 대입하면

$$(p,\ q,\ r) = (98,\ 0,\ 2),\ (98,1,\ 0),\ (97,\ 2,\ 1),\ (96,\ 4,\ 0)$$

일 때 $x$의 차수가 296이므로

$$\frac{100!}{98!\ 2!}(\sqrt[3]{3})^2+\frac{100!}{98!}(\sqrt{2})+\frac{100!}{97!\ 2!}(\sqrt{2})^2(\sqrt[3]{3})+\frac{100!}{96!\ 4!}(\sqrt{2})^4$$
$$= 4950\sqrt[3]{9}+9900\sqrt{2}+970200\sqrt[3]{3}+15684900.$$

■

**[Ex 027]** 확률

1부터 $n(\geq 3)$까지 번호가 적힌 $n$장의 카드가 있다. 세장의 카드 뽑는 실험에서 뽑힌 순서대로 $a,\ b,\ c$라고 할 때,

(1) 경우의 수는 얼마인가?

(2) $a<b$ 로 뽑혀질 경우의 수는 얼마인가?

(3) $a<b<c$ 로 뽑혀질 확률은 얼마인가?

(4) $a<c<b$ 로 뽑혀질 확률은 얼마인가?

**Solution)**

(1) ${}_nP_3 = n(n-1)(n-1)$

(2) $a$를 작은 수, $b$를 큰 수라 두고 뽑는 경우의 수와 $a < b$ 를 하나의 수로 두고 뽑는 경우의 수는 ${}_nC_2$ 로 같다. 그리고 세 번째 카드 $c$가 위치할 수 있는 경우의 수가 $n-2$이므로 구하는 경우의 수는 다음과 같다.

$${}_nC_2 \times (n-2) = \frac{n(n-1)}{2}(n-2) = \frac{1}{2}n(n-1)(n-2)$$

(3) 세 개의 수를 조건에 맞게 뽑는 경우의 수는 ${}_nC_3$이므로 구하는 확률은

$$\frac{{}_nC_3}{{}_nP_3} = \frac{n!}{3!(n-3)!}\ \frac{(n-3)!}{n!} = \frac{1}{3!} = \frac{1}{6}$$

이다.

(4) (3)과 같이 경우의 수가 같다. 따라서 확률은 $\frac{1}{6}$이다. ■

**[Ex 028]** 확률

숫자 1부터 10까지 적혀있는 10장의 카드 중에서 2장의 카드를 뽑는다고 할 때,

(1) 뽑힌 2장의 합이 10일 확률을 구하라.

(2) 뽑힌 2장의 합이 5의 배수일 확률을 구하라.

(3) 뽑힌 2장의 곱이 짝수일 확률을 구하라.

(4) 뽑힌 2장의 곱이 6의 배수일 확률을 구하라.

**Solution)**

카드 10장  중에서 2장을 뽑는 경우의 수는 ${}_{10}C_2 = 45$ 이다.

(1) 2장의 합이 10인 경우는 $(1,9), (2,8), (3,7), (4,6)$ 으로 경우의 수는 4이다. 따라서 확률은 $\frac{4}{45}$ 이다.

(2) 합이 5인 경우는 $(1,4), (2,3)$ 로 2가지

합이 10인 경우는 $(1,9), (2,8), (3,7), (4,6)$로 4가지

합이 15인 경우는 $(5,10), (6,9), (7,8)$로 3가지이므로 구하는 확률은 $\frac{9}{45} = \frac{1}{5}$이다.

(3) 뽑힌 두 수의 곱이 홀수인 경우를 구하자. 두 수의 곱이 홀수가 되려면 뽑힌 두 수가 모두 홀수이어야 한다. 따라서 5개의 홀수 중에서 모두 홀수로 뽑힐 경우의 수

는 ${}_5C_2=10$이다. 짝수일 경우와 홀수일 경우는 서로 여사건이므로 짝수일 확률은

$$1-\frac{10}{45}=\frac{7}{9}$$

이다.

(4) 두 수의 곱이 6의 배수가 될 수 있는 경우는 한 개의 수가 3, 6, 9인 경우이다.

3인 경우 두 번째는 (2, 4, 8, 10) 중의 하나가 되어야 한다. 따라서 경우의 수는 4이고
6인 경우는 모든 숫자가 되므로 경우의 수는 9이고
9인 경우는 (2, 4, 8, 10)으로 경우의 수는 4이다.

따라서 전체 경우의 수는 17이고 구하는 확률은 $\frac{17}{45}$이다. ■

**[Ex 029]** 확률

흰 구슬과 빨간 구슬 16개가 들어 있는 자루가 있다. 이 자루에서 순차적으로 두 개의 구슬을 꺼낼 때 두 개의 구슬색깔이 같을 확률이 $\frac{1}{2}$이라고 한다. 흰 구슬의 개수를 구하라.

**Solution)**

흰 구슬의 개수를 $n$ 이라 하자. 16개의 구슬에서 2개를 뽑는 경우의 수는 ${}_{16}C_2$이고 두 개 모두 흰 구슬일 경우의 수는 ${}_nC_2$이고 빨간 구슬일 경우의 수는 ${}_{16-n}C_2$이다. 따라서

$$\frac{{}_nC_2+{}_{16-n}C_2}{{}_{16}C_2}=\frac{1}{2}$$

이다.

$$\frac{n(n-1)+(16-n)(15-n)}{16\times15}=\frac{1}{2}$$

을 정리하면 $n^2-16n+60=(n-6)(n-10)=0$이므로 $n=6,\ 10$으로 흰 구슬의 수는 6개 혹은 10개이다. ■

**[Ex 030]** 확률

$n$ 개의 주사위를 동시에 던질 때 각 주사위에 나타난 눈의 최대값을 $M_n$, 최소값을

$m_n$ 이라 할 때 $M_n - m_n > 1$일 확률을 구하라.

**Solution)**

$n$ 개의 주사위를 동시에 던질 때 경우의 수는 $6^n$이다. 여사건을 생각하자.

(i) $M_n - m_n = 0$ 인 경우는

모든 주사위의 눈이 6인 경우
모든 주사위의 눈이 5인 경우
모든 주사위의 눈이 4인 경우
모든 주사위의 눈이 3인 경우
모든 주사위의 눈이 2인 경우
모든 주사위의 눈이 1인 경우

로 6가지이다.

(ii) $M_n - m_n = 1$ 인 경우는

$M_n = 6,\ m_n = 5$로 모든 주사위가 6 또는 5이어야 하지만 모두 6이거나 모두 5인 경우는 제외하여야 한다. 따라서 $2^n - (1^n + 1^n) = 2^n - 2$의 경우의 수가 있다.

$M_n = 5,\ m_n = 4$인 경우도 $2^n - (1^n + 1^n) = 2^n - 2$
$M_n = 4,\ m_n = 3$인 경우도 $2^n - (1^n + 1^n) = 2^n - 2$
$M_n = 3,\ m_n = 2$인 경우도 $2^n - (1^n + 1^n) = 2^n - 2$
$M_n = 2,\ m_n = 1$인 경우도 $2^n - (1^n + 1^n) = 2^n - 2$

로 모두 $5 \times (2^n - 2)$ 가지의 경우의 수를 가진다. 구하는 확률은 다음과 같다.

$$1 - \frac{6 + 5(2^n - 2)}{6^n} = \frac{6^n - 5 \times 2^n + 4}{6^n}.$$ ■

## 4. 조건부확률 문제

**[Ex 031]** 조건부확률

상자 안에 빨간 공이 7개, 흰 공이 3개 들어 있다. 1개씩 차례로 3개를 꺼낼 때, 빨간 공, 빨간 공, 흰 공의 순서로 뽑게 될 확률을 구하여라. 단, 뽑힌 공은 다시 상자에 넣지 않는다.

**Solution)**

처음 10개의 중에 빨간 색이 7개이기 때문에, 빨강을 꺼낼 확률은 $\frac{7}{10}$이다. 두 번째 빨간 공을 뽑을 확률은 남은 공 9개 중에서 6개가 빨간 색 공이므로 $\frac{6}{9}$이고, 세 번째 공은 흰색 공이므로 남은 8개 중에서 3개가 흰색 공이다. 따라서 확률은 $\frac{3}{8}$이다. 이런 순서로 뽑혀질 확률은 $\frac{7}{10}\times\frac{6}{9}\times\frac{3}{8}=\frac{7}{40}$이다. ■

**[Ex 032]** 조건부확률

$n$장의 복권 중에서 상금을 받을 수 있는 당첨복권이 3장 포함되어 있다. 이 중 2장을 뽑았을 때 적어도 한 장이 당첨복권일 확률이 $\frac{5}{11}$라고 한다. 복권 수 $n$은 얼마인가?

**Solution)**

2장 모두 당첨복권이 아닌 경우의 확률 $q$은

$$q=\frac{n-3}{n}\times\frac{n-4}{n-1}$$

이고 적어도 하나 당첨복권일 사건의 여사건이므로 적어도 하나 당첨될 확률은

$$1-q=1-\frac{(n-3)(n-4)}{n(n-1)}=\frac{5}{11}$$

이므로 $11(n-3)(n-4)=6n(n-1)$을 정리하면

$$5n^2-71n+132=0, \quad (5n-11)(n-12)=0$$

이고 $n>4$ 이어야 하므로 $n=12$ 이다. ■

**[Ex 033]** 조건부확률

만약 3명이 각자의 자동차 열쇠를 상자 속에 넣고 다시 한명씩 임의로(동등한 확률을 갖는다) 자동차 열쇠를 하나씩 꺼낼 경우 자신의 자동차 열쇠를 꺼낼 사람이 아무도 없을 확률을 구하라.

**Solution)**

우선 적어도 한 명이 자신의 자동차 열쇠를 꺼낼 확률을 계산하자. $E_i\,(i=1,2,3)$을 $i$번째 사람이 자신의 열쇠를 꺼낼 사건이라 하자. 확률 $P\{E_1 \cup E_2 \cup E_3\}$을 계산하기 위하여 다음 사실을 먼저 구할 수 있다.

$$P(E_i)=\frac{1}{3}\ ,\ i=1,2,3$$
$$P(E_iE_j)=\frac{1}{6}\ ,\ i\neq j \qquad \cdots\cdots \text{①}$$
$$P(E_1E_2E_3)=\frac{1}{6}$$

식 ①의 두 번째 식과 세 번째 식의 값이 같은 이유는 세 명 중에서 두 명이 자신의 열쇠를 꺼내면 나머지 한명은 저절로 자신의 열쇠를 가지게 된다. 그리고 $i$번째 사람이 자신의 열쇠를 꺼낼 확률 $P(E_i)$는 명백히 1/3이다. 반면에 $i$번째 사람이 자신의 열쇠를 꺼냈다는 조건하에서 남은 두개의 열쇠 중에서 $j$번째 사람이 자신의 열쇠를 꺼낼 확률은 당연히 1/2이다. 즉 $P(E_j|E_i)=1/2$이므로

$$P(E_iE_j)=P(E_i)P(E_j|E_i)=\frac{1}{3}\frac{1}{2}=\frac{1}{6}$$

이다. 그리고 $P(E_1E_2E_3)$은 다음과 같다.

$$\begin{aligned} P(E_1E_2E_3) &= P(E_1E_2)P(E_3|E_1E_2) \\ &= \frac{1}{6}P(E_3|E_1E_2). \end{aligned}$$

위 식에서 두 사람이 자신의 열쇠를 꺼낸 조건하에서 세 번째 사람이 자신의 열쇠를 꺼내 확률은 당연히 1이 된다. 그러므로

$$P(E_1E_2E_3)=\frac{1}{6}$$

이고,

$$P(E_1 \cup E_2 \cup E_3)$$
$$= P(E_1) + P(E_2) + P(E_3) - P(E_1E_2) - P(E_1E_3) - P(E_2E_3) + P(E_1E_2E_3)$$
$$= 1 - \frac{1}{2} + \frac{1}{6} = \frac{2}{3}$$

이므로 세 사람 모두 자신의 열쇠를 꺼내지 못할 확률은 $1-2/3=1/3$이다. ■

**[Ex 034]** 조건부확률

자동차 보험회사는 보험 가입자를 40세 이상과 40세 미만으로 분류하여 보험료를 책정하고 있다. 과거의 통계에 의하면 주어진 1년 내에 사고를 일으킬 확률이 40세 미만이 0.4이고 40세 이상이 0.2라고 한다. 보험 가입자의 30%가 40세 미만이라고 할 때 임의의 새로운 보험 가입자가 계약한지 1년 이내에 사고를 낼 확률은 얼마인가? 그리고 새로운 가입자가 1년 내에 사고를 낸 경우 그가 40세 미만일 확률은 얼마인가?

**Solution)**

계약자가 1년 내에 사고를 일으킬 사건을 $E$라 하고, 그리고 계약자가 40세 미만일 사건을 $F$라 하자. 확률 $P(E)$는

$$P(E) = P(E|F)P(F) + P(E|F^c)P(F^c)$$
$$= (0.4)(0.3) + (0.2)(0.7) = 0.26$$

이다. 그리고 새로운 가입자가 1년 내에 사고를 낸 경우 40세 미만일 경우의 확률은 $P(F|E)$이므로 다음과 같다.

$$P(F|E) = \frac{P(EF)}{P(E)} = \frac{P(F)P(E|F)}{P(E)} = \frac{(0.3)(0.4)}{0.26} = \frac{6}{13}.$$ ■

**[Ex 035]** 조건부확률

객관식 문제의 시험을 치룬다고 하자. 학생은 문제의 답을 알고 있는 경우와 모르는 경우를 생각할 수 있는데 모르는 경우 는 답을 추측으로 택하게 된다. 추측한 경우 정답

을 택하게 될 확률은 선택으로 주어진 문항 수가 $m$인 경우 $1/m$이라고 하고 각 문제가 답 을 알고 있는 것일 확률이 $p$라고 할 때 어떤 문제에서 학생의 답이 정답인 경우 학생이 정답을 알고 있었을 조건부 확률을 구하라.

**Solution)**

답이 정답일 사건을 $C$라 하고 학생이 그 문체의 정답을 알고 있을 사건을 $K$라고 하자. 그러면 정답인 조건하에서 답을 알고 있었을 확률은 $P(K|C)$이므로 다음과 같다.

$$\begin{aligned} P(K|C) &= \frac{P(KC)}{P(C)} \\ &= \frac{P(C|K)P(K)}{P(C|K)P(K)+P(C|K^c)P(K^c)} \\ &= \frac{p}{p+(1/m)(1-p)} \\ &= \frac{mp}{1+(m-1)p} \end{aligned}$$

즉 $m=5$이고 $p=\frac{1}{2}$인 경우 정답을 알고 답했을 확률은 $\frac{5}{6}$이다. ■

**[Ex 036]** 조건부확률

세 개의 주사위 $A$, $B$, $C$를 동시에 던질 때 $A$, $B$, $C$에 나온 눈의 수를 각각 $X$, $Y$, $Z$라 한다. 다음 조건부 확률을 구하라.

$$P(X=Y=Z \mid X+Y+Z=6)$$

**Solution)**

세 개의 주사위를 던지는 실험의 경우의 수는 $6^3=216$이다. 그러나 조건 $X+Y+Z=6$을 만족하는 경우의 수는 $(X, Y, Z)=(1,2,3), (1,3,2), \cdots, (2,2,2)$로 10가지이다. 그리고 $X=Y=Z$인 경우는 $(2,2,2)$뿐이다. 따라서 구하는 확률은 $\frac{1}{10}$이다. ■

**[Ex 037]** 조건부확률

3장의 카드가 있다. 첫 번째 카드는 앞면과 뒷면이 모두 빨간색이고 두 번째 카드는 앞면과 뒷면이 모두 흰색이고 세 번째 카드는 앞면은 빨간색 뒷면은 흰색이다. 카드의 순서와 앞면, 뒷면의 선택은 모두 동일하다는 조건에서 한 장을 꺼냈을 때 면이 빨간색이었다. 꺼낸 카드의 뒷면이 흰색일 확률은 얼마인가?

**Solution)**

| 앞면 | 뒷면 |
|---|---|
| 빨간색 | 빨간색 |

카드1

| 앞면 | 뒷면 |
|---|---|
| 흰색 | 흰색 |

카드2

| 앞면 | 뒷면 |
|---|---|
| 빨간색 | 흰색 |

카드3

꺼낸 카드의 면이 빨간색일 사건을 $A$라 하면 $P(A)=\frac{3}{6}$이고, 뒷면이 흰색일 사건을 $B$라고 하면 사건 $A\cap B$의 경우의 수는 한가지이다. 따라서 $P(A\cap B)=\frac{1}{6}$이므로

$$P(B|A)=\frac{P(A\cap B)}{P(A)}=\frac{1}{3}$$

이다. ■

**[Ex 038]** 조건부확률

박테리아 1마리는 10분 후에 2마리로 증식하거나 증식하지 않고 그대로 있거나 죽어서 사라지거나 세 가지 경우를 반드시 가진다고 한다. 각각의 확률이 $\frac{1}{2}$, $\frac{1}{3}$, $\frac{1}{6}$이라고 할 때

(1) 한 마리의 박테리아가 20분 후에 2마리가 될 확률을 구하라.

(2) 한 마리의 박테리아가 30분 후에 6마리가 될 확률을 구하라.

**Solution)**

(1) 다음 세 가지 경우를 생각한다.

(i) 10분 후에 1마리인 경우, 다음 10분 후(20분 후)에 2마리일 확률은

$$\frac{1}{3}\times\frac{1}{2}=\frac{1}{6}$$

(ii) 10분 후에 2마리이고 다음 10분 후에 2마리 모두 증식하지 않고 죽지도 않는 경우

$$\frac{1}{2}\times\left(\frac{1}{3}\right)^2=\frac{1}{18}$$

(iii) 10분 후에 2마리이고 다음 10분 후 1마리는 죽고 한 마리는 2마리로 증식하는 경우

이 경우는 2마리 중 1마리가 죽으므로 경우의 수는 2가지이다. 따라서

$$\frac{1}{2}\times\left(2\times\frac{1}{2}\times\frac{1}{6}\right)=\frac{11}{36}$$

이 된다. 구하는 확률은 다음과 같다.

$$\frac{1}{6}+\frac{1}{18}+\frac{1}{12}=\frac{11}{36}\ .$$

(2) 10분에 최대로 증식하여도 2배이므로 20분 후에 최대로 증식하여도 4마리가 된다. 30분 후에 6마리가 되기 위해서는 20분 후에는 최소한 3마리 이상이어야 30분 후에 6마리가 될 수 있다.

(i) 20분 후에 4마리인 경우

20분 후에 4마리인 경우의 확률은 1마리가 10분후 2마리가 되어야하고 또다시 10분 후에 2마리가 모두 증식하여야 4마리가 되므로 $\frac{1}{2}\times\left(\frac{1}{2}\right)^2=\frac{1}{8}$ 이다.

다음 10분 동안 6마리가 될 수 있는 경우의 수는

2마리가 그대로 있고 2마리가 증식하는 경우 : ${}_4C_2\times\left(\frac{1}{2}\right)^2\times\left(\frac{1}{3}\right)^2=\frac{1}{6}$

1마리가 죽고 3마리가 증식하는 경우 : ${}_4C_3\times\left(\frac{1}{2}\right)^3\times\frac{1}{6}=\frac{1}{12}$

이므로 20분 후에 4마리인 경우의 확률은 $\frac{1}{8}\times\left(\frac{1}{6}+\frac{1}{12}\right)=\frac{1}{32}$ 이다.

(ii) 20분 후에 3마리인 경우 처음 10분에 증식을 해야 하고 다음 10분에 한 마리는 증식하고 한 마리는 현상 유지되어야 한다. 따라서 20분 후 3마리가 될 확률은

$$\frac{1}{2}\times\left(2\times\frac{1}{2}\times\frac{1}{3}\right)=\frac{1}{6}$$

이고 30분 후에 6마리가 되기 위해서는 3마리 모두 증식해야하므로 세 마리 모두 증식할 확률은 $\left(\frac{1}{2}\right)^2=\frac{1}{8}$ 이고 20분 후에 3마리인 경우 전체 확률은 $\frac{1}{6}\times\frac{1}{8}=\frac{1}{48}$ 이고 (i)과 (ii)의 확률의 합이 구하는 확률로 다음과 같다.

$$P\{\text{30분 후에 6마리}\}=\frac{1}{32}+\frac{1}{48}=\frac{5}{96}.$$ ■

**[Ex 039]** 조건부확률

$n$번 연속해서 주사위를 던지는 실험에서 $i-$번째 주사위 눈의 수를 $x_i$라고 한다. 그리고 $x_1\le x_2\le\cdots\le x_n$이 되면 "$n$ 회 잘 던졌다"라고 한다.

(1) 2회 잘 던질 확률을 구하라.

(2) 3회 잘 던질 확률을 구하라.

(3) 2회 잘 던진 다음 3회에서 잘 던지지 못할 확률을 구하라.

**Solution)**

"$n$ 회 잘 던졌다"는 의미는 $x_1, x_2, \cdots, x_n$ 가 $1, 2, \cdots, 6$ 중에 한 값을 가지고 중복을 허용하면서 크기 순서로 나열한 것이다. 전체 경우의 수는 ${}_6H_n$ 이므로

(1) $\frac{{}_6H_2}{6^2}=\frac{{}_7C_2}{6^2}=\frac{1}{6^2}\times\frac{7\times6}{2}=\frac{7}{12}$

(2) $\frac{{}_6H_3}{6^3}=\frac{{}_8C_3}{6^3}=\frac{1}{6^3}\times\frac{8\times7\times6}{3\times2\times1}=\frac{7}{27}$

(3) 2회 잘 던지고 3회에서 잘못 던질 확률은 $\frac{7}{12}-\frac{7}{27}$이므로 구하는 조건부 확률은

$$\left(\frac{7}{12}-\frac{7}{27}\right)\div\frac{7}{12}=\frac{5}{9}$$

이다. ■

## 5. 베이즈정리 문제

**[Ex 040]** 베이즈정리

어떤 상담소에 상담하기 위해서는 사전에 전화예약을 하여야 한다고 한다. 예약전화를 하는 사람의 60%는 바로 상담시간이 결정되고 약 40%는 자신의 전화번호를 알려준 뒤 기다려야 한다. 전화번호를 알려주고 기다리는 사람의 75%는 전화를 한 당일 상담시간이 결정되고 25%는 다음 날 상담시간이 결정된다고 한다. 그리고 상담을 예약한 사람 중에서 천화로 즉시 상담시간을 결정한 경우 80%가 상담소로 찾아오고, 전화번호를 알려주고 당일 상담시간을 결정한 사람인 경우는 60%, 다음 날 상담시간을 결정한 사람의 경우는 40%가 상담소로 온다고 한다.

(1) 상담시간을 예약한 후 상담소로 오는 사람의 비율을 구하라.

(2) 상담소에 온 사람 중에 전화로 즉시 상담시간을 결정한 사람의 비율을 구하라.

**Solution)** 사건 $V, I, S, F$ 을 다음과 같이 정의하자.

$V$ : 예약 후 상담소로 오는 사건

$I$ : 전화로 상담시간을 즉시 결정할 사건

$S$ : 전화번호를 알려준 뒤 당일 상담시간을 결정할 사건

$F$ : 전화번호를 알려준 뒤 다음 날 상담시간을 결정한 사건

(1) $P(S)=(0.4)(0.75)$, $P(F)=(0.4)(0.25)$이므로 예약 후 상담소로 올 확률은 $P(V)$는

$$\begin{aligned} P(V) &= P(V|I)P(I)+P(V|S)P(S)+P(V|F)P(F) \\ &= (.8)(.6)+(.6)(.4)(.75)+(.4)(.4)(.25) \\ &= .70 \end{aligned}$$

(2) 상담소로 온 사람 중 즉시 상담시간을 결정한 사람일 조건부 확률 $P(I|V)$ 는

$$P(I|V)=\frac{P(V|I)P(I)}{P(V)}=\frac{(.8)(.6)}{.7}=.686$$

즉, 즉시 상담시간을 결정한 사람의 69% 정도가 상담소로 찾아온다는 것이다. ■

**[Ex 041]** 베이즈정리

수출용 박스 한 상자에 옆에 표시된 대로 반도체 칩이 들어있다. 이때 베이즈 정리를 활용하여 $P(S회사 \mid 불량)$을 구하라.

| | H 회사 | S 회사 |
|---|---|---|
| 정 상 | 85 | 90 |
| 불 량 | 15 | 10 |

**Solution)**

$$P(S회사|불량)=\frac{P\ (S회사 \cap 불량)}{P\ (불량)}$$

$$=\frac{P(S회사)\ P(불량 \mid S회사)}{P(S회사)\,P(불량 \mid S회사)+P(H회사)\,P(불량 \mid H회사)}$$

$$=\frac{\frac{1}{2}\times\frac{10}{100}}{\frac{1}{2}\times\frac{10}{100}+\frac{1}{2}\times\frac{15}{100}}=\frac{10}{25}=\frac{2}{5}.$$

**[Ex 042]** 베이즈정리

신체 검사자 중 1%가 암환자, 99%가 정상이고

$P(흡연자|암환자)=\ 0.95,$

$P(흡연자|정상)\ =\ 0.2$

일 때 $P(암환자|흡연자)$를 구하라.

**Solution)**

$$P(암환자|흡연자)=\frac{P(암환자 \cap 흡연자)}{P(흡연자)}$$

$$=\frac{P(암환자)\,P(흡연자|암환자)}{P(암환자)\,P(흡연자|암환자)+\ P(정상)\,P(흡연자|정상)}$$

$$=\frac{0.01\times0.95}{0.01\times0.95+0.99\times0.2}=\ \frac{0.0095}{0.2075}\fallingdotseq\ 0.046$$

■

## 6. 독립사건, 독립시행 문제

**[Ex 043]** 독립사건

두 개의 주사위를 던진다고 하자. 두 주사위의 눈의 합이 6인 사건을 $E_1$이라 하고, 첫 번째 주사위의 눈이 4인 사건을 $F$라 하면 $E_1$와 $F$는 독립인가?

**Solution)**

$$P(E_1F) = P(\{4, 2\}) = \frac{1}{36}$$

이고

$$P(E_1)P(F) = \frac{5}{36}\frac{1}{6} = \frac{5}{216}$$

이다. 여기서 $E_1$과 $F$는 독립이 아니다. ■

**[Ex 044]** 독립사건

두 사건 $A$, $B$가 독립이고 $P(A \cup B) = \frac{17}{32}$, $P(A \cap B) = \frac{3}{32}$이고 $P(A) < P(B)$일 때 $P(A)$을 구하라.

**Solution)**

$P(A) = a$, $P(B) = b$라 하면 $A$, $B$가 독립이므로

$$ab = P(A)P(B) = P(A \cap B) = \frac{3}{32} \qquad \cdots\cdots ①$$

그리고 $P(A \cup B) = P(A) + P(B) - P(A \cap B) = \frac{17}{32}$이므로 $a + b - ab = \frac{17}{32}$이고 $ab = \frac{3}{32}$을 적용하면

$$a + b = \frac{5}{8} \cdots\cdots ②$$

①, ② 그리고 $a < b$인 사실로부터 $a = \frac{1}{4}$, $b = \frac{3}{8}$이다. 따라서 $P(A) = a = \frac{1}{4}$이다. ■

**[Ex 045]** 독립사건

동전을 $n$번 던지는 실험을 한다. 앞면과 뒷면이 각각이 한 번 이상 나올 사건을 $A$라하고, 앞면이 한번 또는 나오지 않을 사건을 $B$라고 한다.

(1) $n=2$일 때 사건 $A$와 $B$는 독립인가? 종속인가?

(2) $n=3$일 때 사건 $A$와 $B$는 독립인가? 종속인가?

**Solution)**

동전의 앞면을 $H$, 뒷면을 $T$라 하자.

(1) $n=2$이면 표본공간은 $S=\{(H,H)(H,T)(T,H)(T,T)\}$이므로 $A=\{(H,T)(T,H)\}$이고 $B=\{(H,T)(T,H)(T,T)\}$이다. 따라서

$$P(A)=\frac{1}{2},\quad P(B)=\frac{3}{4},\quad P(A\cap B)=\frac{1}{2}$$

이다. 따라서 $\frac{1}{2}=P(A\cap B)\neq P(A)P(B)=\frac{3}{8}$이므로 사건 $A$와 $B$는 종속이다.

(2) $n=3$이면

표본공간은 $S=\{(H,H,H)(H,H,T)(H,T,H)\cdots(T,T,T)\}$로 경우의 수가 8이다.

$$\text{사건 } A=\{(H,H,T)(H,T,H)(T,H,H)(H,T,T)(T,H,T),(T,T,H)\}$$
$$B=\{(H,T,T)(T,H,T)(T,T,H)(T,T,T)\}$$
$$A\cap B=\{(H,T,T)(T,H,T)(T,T,H)\}$$

이므로

$$P(A)=\frac{3}{4},\quad P(B)=\frac{1}{2},\quad P(A\cap B)=\frac{3}{8}$$

이다. 따라서 $P(A\cap B)=P(A)P(B)=\frac{3}{8}$이므로 사건 $A$와 $B$는 독립이다. ■

**[Ex 046]** 독립시행

5번 주사위를 던져서 3의 배수가 3번 나올 확률을 구하라.

**Solution)**

3의 배수가 $\{3, 6\}$이므로 주사위를 던질 때 마다 3의 배수가 나올 확률은 $\frac{1}{3}$이다. 주

사위를 던지는 것은 독립시행이므로 3의 배수가 3번 나올 확률은 다음과 같다.

$$ {}_5C_3\left(\frac{1}{3}\right)^2\left(\frac{2}{3}\right)^2 = \frac{5\times4}{2}\frac{2^2}{3^2} = \frac{40}{3^2} = \frac{40}{243}. $$ ■

**[Ex 047]** 독립시행

갑과 을은 각각 3개와 2개씩 동일한 동전을 가지고 있다. 갑과 을이 동시에 동전을 던질 때

(1) 앞면이 나온 수가 같을 확률을 구하라.

(2) 앞면이 나온 수가 을이 갑보다 많을 확률을 구하라.

(3) 앞면이 나온 수가 갑이 을보다 많을 확률을 구하라.

**Solution)**

갑이 던졌을 때 $i-$개가 앞면이 나올 확률을 $p_i$ 라 하고 을이 갑이 던졌을 때 $i-$개가 앞면이 나올 확률을 $q_i$ 라 하자. 그러면 독립시행정리로부터

$$ p_0 = {}_3C_0\left(\frac{1}{2}\right)^3 = \frac{1}{8}, \quad p_1 = {}_3C_1\left(\frac{1}{2}\right)^2\left(\frac{1}{2}\right) = \frac{3}{8}, $$
$$ p_2 = {}_3C_2\left(\frac{1}{2}\right)\left(\frac{1}{2}\right)^2 = \frac{3}{8}, \quad p_1 = {}_3C_3\left(\frac{1}{2}\right)^3 = \frac{1}{8}, $$
$$ q_0 = {}_2C_0\left(\frac{1}{2}\right)^2 = \frac{1}{4}, \quad q_1 = {}_2C_1\left(\frac{1}{2}\right)\left(\frac{1}{2}\right) = \frac{1}{2}, \quad q_2 = {}_2C_2\left(\frac{1}{2}\right)^2 = \frac{1}{4} $$

이다.

(1) 앞면이 나온 수가 같을 확률은

$$ p_0q_0 + p_1q_1 + p_2q_2 = \frac{5}{16} $$

(2) 을이 갑보다 많을 확률은

$$ p_0q_1 + p_0q_2 + p_1q_2 = \left(\frac{1}{8}\times\frac{1}{2}\right) + \left(\frac{1}{8}\times\frac{1}{4}\right) + \left(\frac{3}{8}\times\frac{1}{4}\right) = \frac{3}{16} $$

(3) 갑이 을보다 앞면이 많을 확률은 다은과 같다.

$$ 1-\left(\frac{5}{16}+\frac{3}{16}\right) = \frac{1}{2} $$ ■

## 7. 응용문제

**[Ex 048]** 응용 - 최대값

주사위 한 개를 101번 던질 때 눈의 수가 6이 나올 횟수가 $k$ 일 확률을 $p_k$라 할 때

(1) $\dfrac{p_k}{p_{k-1}}$ $(1 \leq k \leq 101)$을 간단한 식으로 정리하시오.

(2) (1)의 결과를 이용하여 $p_k$가 최대가 되는 $k$을 구하라.

**Solution)**

(1) 독립시행정리로부터

$$p_k = {}_{101}C_k\left(\frac{1}{6}\right)^k\left(\frac{5}{6}\right)^{101-k} = \frac{101!}{k!\,(101-k)!}\times\frac{5^{101-k}}{6^{101}}$$

이므로

$$\frac{p_k}{p_{k-1}} = \frac{\dfrac{101!}{k!\,(101-k)!}\times\dfrac{5^{101-k}}{6^{101}}}{\dfrac{101!}{(k-1)!\,(102-k)!}\times\dfrac{5^{102-k}}{6^{101}}} = \frac{102-k}{k}\times\frac{1}{5} = \frac{102-k}{5k}$$

이다.

(2) 부등식 $\dfrac{102-k}{5k} \geq 1$ 의 해를 구하면 $k > 0$ 이므로 $102-k \geq 5k$ 로부터

$$k \leq \frac{102}{6} = 17$$

임을 알 수 있다. 즉 $k=17$까지는 $p_{i-1} \leq p_i$ $(1 \leq i \leq 17)$이 성립한다. 즉

$$\frac{p_1}{p_0} > 1,\ \frac{p_2}{p_1} > 1,\ \cdots,\ \frac{p_{16}}{p_{15}} > 1,\ \frac{p_{17}}{p_{16}} = 1,\ \frac{p_{18}}{p_{17}} < 1,\ \cdots,\ \frac{p_{101}}{p_{100}} < 1$$

이 되어 $p_k$ 가 최대가 되는 $k$ 는 16 혹은 17 이다. ■

**[Ex 049]** 응용

주사위 한 개를 $r$ 번 던질 때 $i-$번째 나온 눈의 수를 $n_i$ 라 할 때

(1) $\sin\left(\frac{2\pi}{3}\times n_1\times n_2\times\cdots\times n_r\right)\neq 0$일 확률 $P_1$ 을 구하라.

(2) $r$ 번 중에서 $\sin\left(\frac{2\pi}{3}\times n_i\right)>0$일 경우가 $k$ 번일 확률 $P_2$ 을 구하라.

(3) $r>2k>0$ 일 때 $P_2>P_1$ 이 성립함을 보여라.

**Solution)**

(1) $\sin\theta=0$이 되는 경우는 $\theta$가 $\pi$의 정수배로 표시될 때이다. 따라서

$$\sin\left(\frac{2\pi}{3}\times n_1\times n_2\times\cdots\times n_r\right)\neq 0$$

가 되려면 $2\times n_1\times\cdots\times n_r\neq 3m\,(m=\text{정수})$인 경우이다. 그러므로 $n_1,\cdots,n_r$가 모두 3의 배수가 아닌 경우의 확률이다. 즉

$$P_1={}_rC_0\left(\frac{1}{3}\right)^0\left(\frac{2}{3}\right)^r=\left(\frac{2}{3}\right)^r$$

이다.

(2) $\sin\theta>0$ 이 되는 경우는 $2m\pi<\theta<(2m+1)\pi$ $(m=\text{정수})$이어야 한다. 따라서 $\sin\left(\frac{2\pi}{3}\times n_i\right)>0$이 될 경우는 눈의 수가 1 또는 4인 경우이다. 즉 $\sin\left(\frac{2\pi}{3}\times n_i\right)>0$ 일 확률은 $\frac{1}{3}$이다. 독립시행정리로부터

$$P_2={}_rC_k\left(\frac{1}{3}\right)^k\left(\frac{2}{3}\right)^{r-k}={}_rC_k\frac{2^{r-k}}{3^r}$$

이다.

(3) $\frac{P_2}{P_1}=\frac{{}_rC_k\,2^{r-k}}{3^r}\times\frac{3^r}{2^r}={}_rC_k\frac{1}{2^k}$이고

$$\begin{aligned}{}_{2k}C_k\frac{1}{2^k}&=\frac{2k(2k-1)(2k-2)\cdots(k+1)}{k(k-1)(k-2)\cdots 1\times 2^k}\\&=\frac{2k}{2k}\times\frac{2k-1}{2k-2}\times\frac{2k-2}{2k-4}\times\cdots\times\frac{k+1}{2}\geq 1\end{aligned}$$

이다. 그리고 $r>2k$ 일 때 ${}_rC_k>{}_{2k}C_k$ 이므로 다음 식으로 $P_2>P_1$ 임을 알 수

있다.

$$\frac{P_2}{P_1}=\frac{{}_rC_k\,2^{r-k}}{3^r}\times\frac{3^r}{2^r}={}_rC_k\frac{1}{2^k}>{}_{2k}C_k\frac{1}{2^k}\geq 1$$ ■

**[Ex 050]** 응용

한 개의 미립자가 $xy-$평면에서 $x$와 $y$ 축의 양의 방향으로만 움직인다. 좌표 $(0,0)$에서 출발하여 $x$축으로 움직일 확률이 $p$이고 $y$축으로 움직일 확률이 $1-p$이고 미립자는 $x$ 혹은 $y$의 좌표가 4가 되면 멈춘다고 한다.

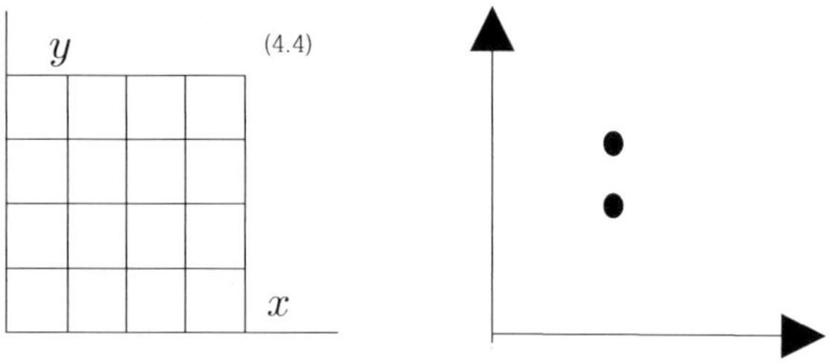


(1) 미립자가 좌표 (2, 2) 또는 (2, 3)을 통과할 확률 $r$을 구하라.

(2) $r$이 최대가 되는 $p$을 구하라.

**Solution)**

(1) 미립자가 좌표 (2, 2)에 가기 위해서는 4회 이동 중에 $x$와 $y$ 축으로 각각 2회씩 이동하는 경우뿐이다. 독립시행정리에 의해서 좌표 (2, 2)에 갈 확률은

$${}_4C_2p^2(1-p)^2=6p^2(1-p)^2$$

이다. 그리고 좌표 (2, 3)에 갈 확률은 좌표 (2, 2)에서 $y$ 축으로 이동하는 경우와 좌표 (1, 3)에서 $x$ 축으로 이동하는 2 경우가 있다. 따라서 좌표 (1, 3)에 도달할 확률은

$${}_4C_1p(1-p)^3=4p(1-p)^3$$

이므로 좌표 (2, 2) 또는 (2, 3)을 통과할 확률 $r$은

$$r=6p^2(1-p)^2+4p^2(1-p)^3=2p^2(1-p)^2(5-2p)$$

이다.

(2) (1)에서 구한 식을 전개하면

$$r = -4p^5 + 18p^4 - 24p^3 + 10p^2$$

이고 이식을 미분하면

$$r' = -20p^4 + 72p^3 - 72p^2 + 20p = -4p(p-1)(5p^2 - 13p + 5)$$

이고 $0 \le p \le 1$ 이므로 $r' = 0$ 을 만족하는 해는

$$p = 0,\ 1,\ \frac{13-\sqrt{69}}{10}$$

이다. 아래 증감표로 부터 $p = \dfrac{13-\sqrt{69}}{10}$ 일 때 최대값을 갖는다. ■

| $p$ | 0 | $\cdots$ | $\frac{13-\sqrt{69}}{10}$ | $\cdots$ | 1 |
|---|---|---|---|---|---|
| $p'$ | 0 | + | 0 | - | 0 |
| $r$ | | ↗ | 극대 | ↘ | |

**[Ex 051]** 응용

2개의 주사위를 동시에 던져서 나온 눈의 차에 대한 절대값을 생각하자.

(1) 사건 $X_k$ 를 $n$번 던질 때 나온 눈의 차의 절대값이 홀수 경우가 $k$번이고 나머지 $n-k$ 번은 나온 홀수 보다 작은 사건이라 할 때 $P(X_k)$ 을 구하라. (단 $1 \le k \le n$)

(2) $\displaystyle\sum_{k=1}^{n} k\,{}_nC_k x^k$ 을 구하라.

(3) $\displaystyle\lim_{n\to\infty} \frac{\sum_{k=1}^{n} k\,P(X_k)}{n}$ 을 구하라.

**Solution)**

(1) 2개의 주사위를 던질 때 경우의 수는 36이고 나온 눈의 절대값은

0 인 경우 : 6가지,　1 인 경우 : 10가지,　2 인 경우 : 8가지.

3 인 경우 : 6가지,　4 인 경우 : 4가지,　5 인 경우 : 2가지

이다. 그리므로

$$P(X_k) = {}_nC_k\left(\frac{10}{36}\right)^k\left(\frac{6}{36}\right)^{n-k} + {}_nC_k\left(\frac{6}{36}\right)^k\left(\frac{6}{36}+\frac{10}{36}+\frac{8}{36}\right)^{n-k}$$

$$+ {}_nC_k\left(\frac{2}{36}\right)^k\left(\frac{6}{36}+\frac{10}{36}+\frac{8}{36}+\frac{6}{36}+\frac{4}{36}\right)^{n-k}$$

$$= {}_nC_k\left\{\left(\frac{5}{18}\right)^k\left(\frac{3}{18}\right)^{n-k} + \left(\frac{3}{18}\right)^k\left(\frac{12}{18}\right)^{n-k} + \left(\frac{1}{18}\right)^k\left(\frac{17}{18}\right)^{n-k}\right\}$$

(2) 이항정리로부터

$$(1+x)^n = \sum_{k=0}^{n} {}_nC_k x^k$$

이고, 이식의 양변을 $x$에 대하여 미분하면

$$n(1+x)^{n-1} = \sum_{k=0}^{n} k\,{}_nC_k x^{k-1} = \sum_{k=1}^{n} k\,{}_nC_k x^{k-1}$$

이고 양변에 $x$ 을 곱하면 $\sum_{k=1}^{n} k\,{}_nC_k x^k = nx(1+x)^{n-1}$ 이다.

(3) (2)번으로부터 $\sum_{k=1}^{n} k\,{}_nC_k x^k y^{n-k} = nx(x+y)^{n-1}$이고 구하는 극한은 다음과 같다.

$$\lim_{n\to\infty}\frac{\sum_{k=1}^{n} k\,P(X_k)}{n} = \lim_{n\to\infty}\left\{\frac{5}{18}\left(\frac{8}{18}\right)^{n-1} + \frac{3}{18}\left(\frac{15}{18}\right)^{n-1} + \frac{1}{18}\left(\frac{18}{18}\right)^{n-1}\right\}$$

$$= \frac{1}{18}.$$

■

## 8. 기댓값 문제

**[Ex 052]** 기댓값(평균)

주사위 1개를 던질 때 나오는 눈의 수에 대한 기댓값을 구하라.

**Solution)**

주사위 1개를 던질 때 나올 수 있는 눈의 수는 1, 2, 3, 4, 5, 6 이고 이 점들이 질량점이다. 각 점이 나올 수 있는 확률이 $P\{X=i\}=\frac{1}{6}$, $i=1, 2, \cdots, 6$이므로 기댓값 정의로부터

$$E[X]=M=1\times\frac{1}{6}+2\times\frac{1}{6}+3\times\frac{1}{6}+4\times\frac{1}{6}+5\times\frac{1}{6}+6\times\frac{1}{6}$$
$$=\frac{1}{6}(1+2+3+4+5+6)=3.5$$

이다.

**[Ex 053]** 기댓값(평균)

1부터 10까지 적혀있는 10장의 카드 중에서 2장을 뽑을 때 뽑혀진 카드 중에서 큰 숫자에 대한 기댓값과 작은 숫자에 대한 기댓값을 각각 구하라.

**Solution)**

두 장의 카드를 뽑을 때 큰 수는 1이 될 수가 없다. 큰 수는 2, 3, ⋯, 10 중의 하나이다. 두 장의 카드 중에 큰 수를 $k$ 라 하면 작은 수는 $1, 2, \cdots, (k-1)$ 중의 하나이다. 이 확률을 $p_k$ 라 하면

$$p_k=\frac{k-1}{{}_{10}C_2}=\frac{k-1}{45}$$

이므로 큰 수에 대한 기댓값은

$$M=2\times\frac{1}{45}+3\times\frac{2}{45}+4\times\frac{3}{45}+\cdots+10\times\frac{9}{45}$$
$$=\frac{1}{45}(2+3\times2+4\times3+\cdots+10\times9)=\frac{330}{45}=\frac{22}{3}$$

이다.

두 장 중에서 작은 수는 1, 2, 3, ⋯, 9 중의 하나이다. 두 장의 카드 중에 작은 수를 $i$ 라 하면 큰 수는 $i+1, i+2, \cdots, 10$ 중의 하나이다. 이 확률을 $p_i$라 하면

$$p_i = \frac{10-i}{{}_{10}C_2} = \frac{10-i}{45}$$

이므로 작은 수에 대한 기댓값은

$$\begin{aligned} m &= 1 \times \frac{9}{45} + 2 \times \frac{8}{45} + 3 \times \frac{7}{45} + \cdots + 9 \times \frac{1}{45} \\ &= \frac{1}{45}(1 \times 9 + 2 \times 8 + 3 \times 7 + \cdots + 9 \times 1) = \frac{165}{45} = \frac{11}{3} \end{aligned}$$

이다. ■

**[Ex 054]** 기댓값(평균)

100원짜리 동전 3개와 500원짜리 동전 2개를 동시에 던질 때, 앞면이 3개 이상 나오면 앞면이 나온 동전을 모두 가질 수 있다. 다섯 개의 동전을 던질 때 가질 수 있는 금액에 대한 기댓값을 구하라.

**Solution)**

100원 짜리 동전의 앞면이 나온 수를 $x$, 500원 짜리 동전의 앞면이 나온 수를 $y$라 하고 이 경우의 확률을 $p_{xy}$라 하자. 동전을 가질 수 있는 경우는 $x+y \geq 3$일 때이므로

$$p_{30} = \left(\frac{1}{2}\right)^3 \times \left(\frac{1}{2}\right)^2 = \frac{1}{2^5}, \quad p_{31} = \left(\frac{1}{2}\right)^3 \times {}_2C_1\left(\frac{1}{2}\right)^2 = \frac{2}{2^5}, \quad p_{32} = \left(\frac{1}{2}\right)^3 \times \left(\frac{1}{2}\right)^2 = \frac{1}{2^5}$$

$$p_{21} = {}_3C_2\left(\frac{1}{2}\right)^3 \times {}_2C_1\left(\frac{1}{2}\right)^2 = \frac{6}{2^5}, \quad p_{22} = {}_3C_2\left(\frac{1}{2}\right)^3 \times \left(\frac{1}{2}\right)^2 = \frac{3}{2^5}, \quad p_{12} = {}_3C_1\left(\frac{1}{2}\right)^3 \times \left(\frac{1}{2}\right)^2$$

이다. 따라서 기댓값은 다음과 같다.

$$\begin{aligned} &\frac{1}{2^5}(300 \times 1 + 800 \times 2 + 1300 \times 1 + 700 \times 6 + 1200 \times 3 + 1100 \times 3) \\ &= \frac{100}{2^5}(3 + 16 + 13 + 42 + 36 + 33) = \frac{3575}{8} \end{aligned}$$

■

**[Ex 055]** 기댓값(평균)

다음과 같은 게임이 있다.

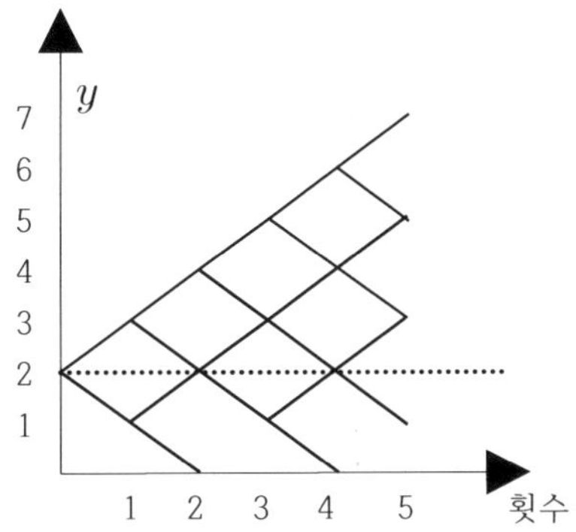


(i) 처음 출발점은 $y$ 축 좌표 2에서 출발한다.

(ii) 주사위를 던져서 홀수가 나오면 $y$ 값이 1 증가 하고 짝수가 나오면 1 감소한다.

(iii) $y$ 축 값이 0이 되면 즉시 중단을 한다. 주사위를 5회 던질 수 있을 확률과 5회 던졌을 때 $y$ 축 값에 대한 기댓값을 구하라.

**Solution)**

2회 만에 게임이 끝나는 경우는 두 번 모두 짝수가 나오는 경우이다. 5회 이전에 게임이 끝날 수 있는 경우는 2회와 4회에서 가능하다.

$$2\text{회에 게임이 끝날 확률} = \left(\frac{1}{2}\right)^2,\ 4\text{회에 게임이 끝날 확률} = {}_2C_1\left(\frac{1}{2}\right)^2\left(\frac{1}{2}\right)^2$$

5번 주사위를 던질 수 있는 경우는 이들의 여사건이므로 다음과 같다.

$$1-\left(\frac{1}{2}\right)^2-{}_2C_1\left(\frac{1}{2}\right)^2\left(\frac{1}{2}\right)^2=\frac{5}{8}\ .$$

5번 주사위를 던졌을 때 $y$ 축 값으로 가능한 것은 7, 5, 3, 1, 0 이다. $i$ 값에 대한 확률을 $p_i$ 라 하면

$p_7$ : 5번 모두 홀수가 나온 경우

$$p_7=\left(\frac{1}{2}\right)^5=\frac{1}{32}$$

$p_5$ : 4번 홀수, 1번 짝수가 나온 경우

$$p_5 = {}_5C_4\left(\frac{1}{2}\right)^4\left(\frac{1}{2}\right) = \frac{5}{32}$$

$p_3$ : 3번 홀수, 2번 짝수가 나온 경우이고 이 경우는 처음 두 번 연속 짝수가 나온 경우는 제외하여야 하므로

$$p_3 = {}_5C_3\left(\frac{1}{2}\right)^3\left(\frac{1}{2}\right)^2 - \left(\frac{1}{2}\right)^5 = \frac{9}{32}$$

$p_1$ : 5번 주사위를 던질 수 있을 확률에서 위의 3경우를 제외하면 된다. 따라서

$$p_1 = \frac{5}{8} - \left(\frac{1}{32} + \frac{5}{32} + \frac{9}{32}\right) = \frac{5}{32}$$

이 된다. 질량점 7, 5, 3, 1 에 대한 확률을 구했으므로 기댓값은 다음과 같다.

$$M = 7\times\frac{1}{32} + 5\times\frac{5}{32} + 3\times\frac{9}{32} + 1\times\frac{5}{32} = \frac{7+25+27+5}{32} = 2. \qquad \blacksquare$$

**[Ex 056]** 기댓값(평균)

반경 1인 원에 내접하는 정육각형의 꼭지점을 $A_1$, $A_2, \cdots$, $A_6$라 한다. 임의로 세 꼭지점으로 만들어지는 삼각형의 면적에 대한 기댓값을 구하라. 2개 이상 중복되는 점으로 구성되는 경우의 면적은 0으로 한다.

**Solution)**

정삼각형 $\triangle OA_1A_2$의 면적을 $S$라 하면 다음 세 가지 모양의 삼각형으로 구분된다.

(i) $\triangle A_1A_2A_3$ 의 형태는 면적이 $S$이다. 이 형태의 삼각형은 세 점 중에 두 점이 정해지면 되므로 선택되어야 할 두 점은 $(A_2, A_3)$, $(A_2, A_6)$, $(A_5, A_6)$ 이고 순서가 변경되어도 되므로 6가지의 경우가 된다. 임의의 점을 선택했을 때 면적이 $S$인 삼각형이 선택될 확률은 $\dfrac{6}{6^2} = \dfrac{1}{6}$ 이다.

(ii) $\triangle A_1A_2A_4$ 의 형태는 면적이 $2S$이다. 이 형태는 선택될 수 있는 두 점은

$$(A_2, A_4), (A_2, A_5), (A_3, A_4), (A_3, A_6), (A_4, A_5), (A_4, A_6)$$

이고 순서가 변경되어도 되므로 12가지이므로 면적 $2S$ 인 삼각형이 선택될 확률은 $\dfrac{12}{6^2}=\dfrac{1}{3}$ 이다.

(iii) $\triangle A_1A_3A_5$ 의 형태는 면적이 $3S$이다. 이 형태를 가지는 삼각형은 $(A_3, A_5)$이고 두 가지의 경우가 있으므로 선택될 확률은 $\dfrac{2}{6^2}=\dfrac{1}{18}$ 이다. 구하는 기대값은 다음과 같다.

$$S\times\frac{1}{6}+2S\times\frac{1}{3}+3S\times\frac{1}{18}=\left(\frac{1}{6}+\frac{2}{3}+\frac{3}{18}\right)S=S=\frac{\sqrt{3}}{4}.$$

■

**[Ex 057]** 기댓값(평균)

1개의 주사위를 연속으로 던질 때 처음으로 6이 나올 때 까지 주사위를 던진 횟수를 $x_n$ 라 하자. 그리고 6이 나오기 전에는 $x_n=0$ 이다.

(1) $x_n=k$ 일 확률 $P\{x_n=k\}$을 구하라.

(2) 6이 나올 때 까지 던지게 될 횟수 $x_n$ 에 대한 기댓값 $E[x_n]$을 구하라.

(3) $\displaystyle\lim_{n\to\infty}E[x_n]$ 을 구하라.

**Solution)**

(1) $x_n=k$인 경우는 처음부터 $k-1$ 번째까지 1부터 5까지 나오고 $k$ 번째 6이 나온 경우이다. 따라서

$$P\{x_n=k\}=\left(\frac{5}{6}\right)^{k-1}\times\frac{1}{6}=\frac{1}{6}\left(\frac{5}{6}\right)^{k-1}$$

(2) $E[x_n]=\displaystyle\sum_{k=1}^{n}k\frac{1}{6}\left(\frac{5}{6}\right)^{k-1}=\frac{1}{6}\sum_{k=1}^{n}k\left(\frac{5}{6}\right)^{k-1}$ 에서 $S=\displaystyle\sum_{k=1}^{n}k\left(\frac{5}{6}\right)^{k-1}$ 라 두면

$$\begin{aligned}E[x_n]&=\frac{1}{6}S=S-\frac{5}{6}S\\&=\left\{1+2\frac{5}{6}+3\left(\frac{5}{6}\right)^2+\cdots+n\left(\frac{5}{6}\right)^{n-1}\right\}\\&\quad-\left\{\frac{5}{6}+2\left(\frac{5}{6}\right)^2+3\left(\frac{5}{6}\right)^3+\cdots+(n-1)\left(\frac{5}{6}\right)^{n-1}+n\left(\frac{5}{6}\right)^n\right\}\end{aligned}$$

$$= 1 + \frac{5}{6} + \left(\frac{5}{6}\right)^2 + \left(\frac{5}{6}\right)^3 + \cdots + \left(\frac{5}{6}\right)^{n-1} - n\left(\frac{5}{6}\right)^n$$

$$= \frac{1 - \left(\frac{5}{6}\right)^n}{1 - \frac{5}{6}} - n\left(\frac{5}{6}\right)^n = 6 - (6+n)\left(\frac{5}{6}\right)^n.$$

(3) $\lim_{n\to\infty} n\left(\frac{5}{6}\right)^n = 0$ 이므로 $\lim_{n\to\infty} E[x_n] = \lim_{n\to\infty}\left\{6 - (6+n)\left(\frac{5}{6}\right)^n\right\} = 6.$ ■

**[Ex 058]** 응용

(1) 주사위 한 개를 한번 또는 두 번 던진다. 처음 던진 주사위의 점수를 보고 두 번째 던질 것인지 그만 둘 것인지를 선택할 수 있다. 마지막 던진 눈의 수가 받을 점수이다. 높은 점수를 얻기 위한 전략은 어떤 것이 유리한가?

(2) 세 번까지 던질 수 있다면 높은 점수를 얻기 위한 전략은 어떤 것이 유리한가?

**Solution)**

(1) 주사위 한 개를 한번 던질 때 기댓값은 3.5이다. (참조 [Ex 043])

첫 번째 주사위의 눈이 1, 2, 3 이면 두 번째 주사위를 던지고 4, 5, 6 이면 던지지 않는 것이 유리하다.

(2) (1)의 전략에서 2회 던져서 1점을 얻을 확률은 첫 번째 주사위가 1, 2, 3 이고 두 번째 주사위가 1 인 경우이므로 확률은 $\frac{3}{6} \times \frac{1}{6} = \frac{1}{12}$ 이다.

2점 또는 3점 얻을 확률도 같은 방법으로 역시 $\frac{1}{12}$ 이다.

4점을 얻을 확률은 첫 번째 주사위가 4이거나 첫 번째 주사위가 1, 2, 3이고 두 번째 주사위가 4인 경우이므로 확률은 $\frac{1}{6} + \frac{3}{6} \times \frac{1}{6} = \frac{1}{4}$ 이고 5점 또는 6점 얻을 확률도 같은 방법으로 역시 $\frac{1}{4}$ 이다. 두 번째까지의 기댓값은

$$(1+2+3) \times \frac{1}{12} + (4+5+6) \times \frac{1}{4} = 4.25$$

이다. 따라서 가장 유리한 전략은 첫 번째 주사위가 5이상이면 멈추고 두 번째 주사위가 4이상이면 멈추는 것이 가장 유리하다. ■

**[Ex 059]** 기댓값(평균)

자연수 1부터 $n$ 까지 정수에서 확률을 가지는 확률변수 $X$ 가진다. $p_i$ 는 점 $i$ 에서의 확률이고 $p_i > 0, i = 1, 2, \cdots, n$이다. 수열 $\{p_i\}$이 등차수열일 때

(1) $0 < p_1 < \dfrac{2}{n}$ 임을 보여라.

(2) 확률변수 $X$ 의 기댓값 $E[X]$가 $\dfrac{n+1}{3} < E[X] < \dfrac{2(n+1)}{3}$을 만족함을 보여라.

**Solution)**

(1) 공차를 $d$ 라고하면, $p_k = p_1 + (k-1)d$로 표현된다. 그리고 $\sum_{k=1}^{n} p_k = 1$로부터

$$\sum_{k=1}^{n} p_k = \sum_{k=1}^{n} \{p_1 + (k-1)d\} = \frac{n\{2p_1 + (n-1)d\}}{2} = 1$$

이고 이식을 변형하면

$$2p_1 + (n-1)d = \frac{2}{n} \quad \cdots \quad ①$$

이고, $p_n = p_1 + (n-1)d > 0$ 으로부터

$$(n-1)d > -p_1 \quad \cdots \quad ②$$

①, ② 로부터 $\dfrac{2}{n} > 2p_1 - p_1 = p_1$ 이므로 $0 < p_1 < \dfrac{2}{n}$이다.

(2) $E[X] = \sum_{k=1}^{n} k\,p_k = \sum_{k=1}^{n} k\{p_1 + (k-1)d\} = p_1 \sum_{k=1}^{n} k + d \sum_{k=1}^{n} (k^2 - k)$

$$= \frac{p_1 n(n+1)}{2} + d\left\{\frac{n(n+1)(2n+1)}{6} - \frac{n(n+1)}{2}\right\}$$

$$= \frac{n(n+1)}{6}\{3p_1 + 2(n-1)d\}$$

①을 변형한 $(n-1)d = \dfrac{2}{n} - 2p_i$ 을 위 식에 대입하면

$$E[X] = \frac{n(n+1)}{6}\left(\frac{4}{n} - p_1\right)$$

이고 (1)의 결과 $0< p_1 < \frac{2}{n}$ 로부터 $\frac{2}{n} < \frac{4}{n} - p_1 < \frac{4}{n}$ 인 것을 이용하면

$$\frac{n(n+1)}{6}\frac{2}{n} < E[X] < \frac{n(n+1)}{6}\frac{4}{n}$$

이고 이 식을 정리하면 다음 식을 얻을 수 있다.

$$\frac{(n+1)}{3} < E[X] < \frac{2(n+1)}{3}$$ ■

**[Ex 060]** 기댓값(평균)

3개의 주사위를 동시에 던질 때 나온 눈이 연속된 세 숫자일 사건을 $A$ 라 할 때

(1) 사건 $A$ 가 나타날 확률 $P(A)$ 을 구하라.

(2) 4회 던질 때 사건 $A$ 가 나타난 횟수를 $X$ 라 할 때 $X$ 의 기댓값 $E[X]$ 을 구하라.

**Solution)**

(1) 3개가 연속된 숫자가 나오는 경우는 (1, 2, 3), (2, 3, 4), (3, 4, 5), (4, 5, 6) 이고 각 경우는 순열이므로 사건 $A$ 의 확률은 $P(A) = \frac{4\times 3!}{6^3} = \frac{1}{9}$ 이다.

(2) $p_k = P(X=k)$ 라 두면, $p_k = {}_4C_k\left(\frac{1}{9}\right)^k\left(\frac{8}{9}\right)^{4-k}$ 이므로

$$E[X] = 1\times 4\times\left(\frac{1}{9}\right)\left(\frac{8}{9}\right)^3 + 2\times 6\times\left(\frac{1}{9}\right)^2\left(\frac{8}{9}\right)^2 + 3\times 4\times\left(\frac{1}{9}\right)^3\left(\frac{8}{9}\right) + 4\times 1\times\left(\frac{1}{9}\right)^4$$
$$= \frac{2916}{9^4} = \frac{4}{9}$$ ■

## 9. 확률과 수열, 극한, 정적분, 점화식 문제

**[Ex 061]** 확률과 수열

특정 게임에서 $A$군이 이길 확률이 $\dfrac{2}{3}$ 이라고 한다.

(1) $A$군이 한번 이길 때까지 게임을 계속하고 게임에서 이기면 중단한다고 할 때 이 게임이 $n$번 이하로 끝날 확률을 구하라.

(2) $A$군이 두 번 이길 때까지 게임을 계속하고 게임에서 두 번째 이기면 중단한다고 할 때 이 게임이 $n$번 이하로 끝날 확률을 구하라, 단 $n \geq 2$.

**Solution)**

(1) $k$번째 게임이 끝나려면 처음부터 $k-1$번까지 지고 $k$번째 게임에서 이겨야 한다. 그러므로 구하는 확률은 다음과 같다.

$$\left(\frac{2}{3}\right)+\left(\frac{1}{3}\right)\left(\frac{2}{3}\right)+\left(\frac{1}{3}\right)^2\left(\frac{2}{3}\right)+\cdots+\left(\frac{1}{3}\right)^{n-1}\left(\frac{2}{3}\right)=\frac{\frac{2}{3}\left\{1-\left(\frac{1}{3}\right)^n\right\}}{1-\frac{1}{3}}=1-\left(\frac{1}{3}\right)^n$$

(2) $k$번째 게임이 끝나려면 처음부터 $k-1$번째 중에서 한번 이기고 $(k-2)$번 졌고 $k$번째 게임에서 이겨야 한다. 구하는 확률을 $q$라 하면

$$q=\sum_{k=2}^{n}{}_{k-1}C_1\left(\frac{2}{3}\right)\left(\frac{1}{3}\right)^{k-2}\times\frac{2}{3}=\frac{4}{9}\sum_{k=2}^{n}(k-1)\left(\frac{1}{3}\right)^{k-2}$$
$$=\frac{4}{9}\left\{1+2\left(\frac{1}{3}\right)+3\left(\frac{1}{3}\right)^2+\cdots+(n-1)\left(\frac{1}{3}\right)^{n-2}\right\} \quad \cdots\cdots ①$$

이고 양변에 $\dfrac{1}{3}$을 곱하면

$$\frac{1}{3}q=\frac{4}{9}\left\{\left(\frac{1}{3}\right)+2\left(\frac{1}{3}\right)^2+\cdots+(n-2)\left(\frac{1}{3}\right)^{n-2}+(n-1)\left(\frac{1}{3}\right)^{n-1}\right\} \quad \cdots\cdots ②$$

이 되고 식 ①에 식 ②을 뺀 후 등비수열 합의 공식으로부터

$$①-②=\frac{2}{3}q=\frac{4}{9}\left\{1+\left(\frac{1}{3}\right)+\left(\frac{1}{3}\right)^2+\cdots+\left(\frac{1}{3}\right)^{n-2}\right\}-\frac{4(n-1)}{9}\left(\frac{1}{3}\right)^{n-1}$$

$$=\frac{\frac{4}{9}\left\{1-\left(\frac{1}{3}\right)^{n-1}\right\}}{1-\frac{1}{3}}-\frac{4(n-1)}{9}\left(\frac{1}{3}\right)^{n-1}$$

$$=\frac{2}{3}\left(1-\frac{2n+1}{3^n}\right)$$

이고 구하는 확률 $q=1-\dfrac{2n+1}{3^n}$이다. ■

(별해) 위 문제는 수열을 이용하지 않는 것이 더 간단하다.

$n$회에 끝날 사건은 $n$회 동안에 1회 이하만 이기는 사건의 여사건이므로 $n$회 동안 모두 졌을 확률 $\left(\frac{1}{3}\right)^n$과 1번만 이겼을 확률 ${}_nC_1\left(\frac{2}{3}\right)\left(\frac{1}{3}\right)^{n-1}$ 로부터 간단히 얻을 수 있다.

$$1-\left(\frac{1}{3}\right)^n-{}_nC_1\left(\frac{2}{3}\right)\left(\frac{1}{3}\right)^{n-1}=1-\frac{2n+1}{3^n}.$$

**[Ex 062]** 확률과 수열

주머니 속에 1 부터 $n$까지 번호가 적힌 $n$개의 구슬이 있다. 이 주머니에서 두 개의 구슬을 꺼낼 때 구슬에 적힌 번호의 합이 $n$보다 클 확률을 구하라. 단 $n\geq 2$.

**Solution)**

주머니에서 두 개의 구슬을 꺼내는 경우의 수는 ${}_nC_2=\dfrac{n(n-1)}{2}$이다. 꺼낸 두 구슬의 번호를 $x$, $y$ $(x>y)$라 하면, $x+y>n$, $x>y>0$을 만족하는 경우의 수를 구하여야 한다.

$x=k$라 하면 $n-k<y<k$을 만족해야 한다. 즉

$$(x, y)=(k, n-k+1), (k, n-k+2), \cdots, (k, k-1)$$

을 만족하므로 $(k-1)-(n-k+1)+1=2k-n-1$개(쌍)의 경우의 수가 있다.

(i) $n$ 이 짝수이면 $n=2l$로 두면 $\sum_{k=l+1}^{n}(2k-n-1)=(n-l)l=\frac{1}{4}n^2$

(ii) $n$ 이 홀수이면 $n=2l+1$로 두면 $\sum_{k=l+1}^{n}(2k-n-1)=(n-l)l=\frac{1}{4}(n^2-1)$

이므로 구하는 확률은 $n$ 이 짝수이면 $\frac{n}{2(n-1)}$, $n$ 이 홀수이면 $\frac{n+1}{2n}$ 이다. ■

**[Ex 063]** 확률과 수열

주머니 속에 흰 구슬이 $a$개, 빨간 구슬이 $b$개, 검은 구슬이 $c$개 들어 있다. 세 종류의 구슬의 합은 12 개이고 각각 1개 이상의 구슬이 들어있다. $A$, $B$ 두 사람이 번갈아 이 주머니 속에서 구슬을 한 개 꺼낸 후 구슬 색을 조사하고 주머니 속에 다시 구슬을 넣는다. 만약 $A$는 흰 구슬을 꺼내면 이기고 $B$ 는 빨간 구슬을 꺼내면 이기는 게임을 하는데 $A$, $B$ 중 한쪽이 이기면, 게임은 종료한다. 이 게임은 먼저 $A$부터 시작하기로 한다. 그러므로 홀수 번째는 $A$, 짝수 번째는 $B$ 가 구슬을 꺼내게 된다.

(1) 첫 번째 뽑아서 $A$가 이길 확률 $p_1$과 두 번째로 $B$가 뽑아서 이길 확률 $q_1$를 구하라.

(2) $(2n-1)$번째 뽑아서 $A$가 이길 확률 $p_n$을 구하라.

(3) $2n$ 번째 뽑아서 $B$가 이길 확률 $q_n$을 구하라.

(4) 무한급수의 합 $\begin{cases} S=p_1+p_2+p_3+\cdots+p_n+\cdots \\ T=q_1+q_2+q_3+\cdots+q_n+\cdots \end{cases}$ 을 $a$, $b$ 의 식으로 표현하라.

(5) $a\geq 3$, $b\geq 4$일 때 $S=T$을 만족하는 쌍 $(a, b)$을 구하라.

**Solution)**

(1) $p_1=\frac{a}{12}$, $q_1=\left(1-\frac{a}{12}\right)\frac{b}{12}=\frac{(12-a)b}{12^2}$

(2) $(2n-1)$번째 뽑아서 $A$가 이길 경우는 $(n-1)$번 흰 구슬이 아닌 구슬을 뽑고 동시에 $B$도 $(n-1)$번 빨간 구슬이 아닌 구슬을 뽑아야한다. 따라서 구하는 확률은

$$p_n=\left(1-\frac{a}{12}\right)^{n-1}\left(1-\frac{b}{12}\right)^{n-1}\frac{a}{12}=\frac{a}{12}\left\{\frac{(12-a)(12-b)}{12^2}\right\}^{n-1}$$

(3) (2)와 같은 방법으로

$$q_n = \left(1-\frac{a}{12}\right)^n\left(1-\frac{b}{12}\right)^{n-1}\frac{b}{12} = \frac{(12-a)b}{12^2}\left\{\frac{(12-a)(12-b)}{12^2}\right\}^{n-1}$$

(4) 수열 $\{p_n\}$, $\{q_n\}$는 공비 $r=\dfrac{(12-a)(12-b)}{12^2}$인 등비수열이고 $0<r<1$이므로 $\lim_{n\to\infty} r^n = 0$ 이다.

$$S = \lim_{n\to\infty}\sum_{k=1}^{n} p_k = \lim_{n\to\infty}\frac{a}{12}\frac{1-r^n}{1-r} = \frac{a}{12}\frac{1}{1-r}$$
$$= \frac{a}{12}\times\frac{1}{1-\dfrac{(12-a)(12-b)}{12^2}} = \frac{12a}{12(a+b)-ab}$$

이고 같은 방법으로 $T$을 정리하면 다음과 같다.

$$T = \lim_{n\to\infty} q_k = \frac{(12-a)b}{12^2}\times\frac{1}{1-\dfrac{(12-a)(12-b)}{12^2}} = \frac{(12-a)b}{12(a+b)-ab}$$

(5) $S=T$이면 $12a=(12-a)b$이다. 따라서 $(12-a)(12+b)=12^2=2^4 3^2$이다. 그리고 $a+c\ge 4$인 사실로부터 $4\le b\le 8$이고 $16\le 12+b\le 20$을 만족해야한다. 이 범위 내에 있는 $2^4 3^2$의 약수는 16, 18이다. 따라서 $(12-a,\ 12+b)=(9,\ 16)$, $(8,\ 18)$이므로

$$(a,\ b)=(3,\ 4),\ (4,\ 6)$$

이다. ■

**[Ex 064]** 확률과 정적분

1부터 $n$까지 번호가 적힌 $n$개의 항아리가 있다. $k$번째 $(1\le k\le n)$ 항아리에는 빨간 구슬이 $(n+k)$개, 흰 구슬이 $(n-k)$개 들어있다. $n$개의 항아리 중에서 무작위로 한 개를 선택하여 무작위로 1개씩 $r$번 구슬을 꺼낸다. 매번 꺼낸 구슬은 다시 항아리에 넣는다. 이렇게 꺼낸 $r$개의 구슬이 모두 빨간 색일 확률을 $P_n$이라 할 때 다음을 구하라.

(1) 확률 $P_n$을 구하라.

(2) $\lim_{n\to\infty} P_n$을 구하라.

**Solution)**

(1) $k$번째 항아리에서 꺼낼 확률은 $\dfrac{1}{n}$이고 이 항아리에서 빨간 구슬을 1개 꺼낼 확률은 $\dfrac{n+k}{2n}$이다. $r$ 번 빨간 구슬 꺼낼 확률은 $\left(\dfrac{n+k}{2n}\right)^2 = \dfrac{1}{2^r}\left(1+\dfrac{k}{n}\right)^r$ 이므로

$$P_n = \sum_{k=1}^{n} \frac{1}{n}\,\frac{1}{2^r}\left(1+\frac{k}{n}\right)^r = \frac{1}{n2^r}\sum_{k=1}^{n}\left(1+\frac{k}{n}\right)^r$$

이다.

(2)
$$\begin{aligned}\lim_{n\to\infty} P_n &= \frac{1}{2^r}\lim_{n\to\infty}\frac{1}{n}\sum_{k=1}^{n}\left(1+\frac{k}{n}\right)^r \\ &= \frac{1}{2^r}\int_0^1 (1+x)^r\,dx = \frac{1}{2^r}\left[\frac{1}{r+1}(1+x)^{r+1}\right]_0^1 \\ &= \frac{1}{2^r}\,\frac{1}{r+1}(2^{r+1}-1) = \frac{1}{r+1}\left(2-\frac{1}{2^r}\right)\end{aligned}$$ ■

**[Ex 065]** 확률과 극한

1부터 4 까지 번호가 적힌 4 개의 구슬이 들어있는 항아리가 있다. 이 항아리에서 무작위로 한 개를 선택하여 꺼낸 구슬의 번호를 적고 구슬은 다시 항아리에 넣는다.

(1) $n$번 반복할 때 $n$개의 번호 중에서 $k$개가 같은 번호이고 나머지 $(n-k)$개의 번호가 이 번호보다 작을 사건을 $A_k$라 할 때 $(1 \le k \le n)$ 확률 $P(A_k)$을 구하라.

(2) $E_n = \sum_{k=1}^{n} k\,P(A_k)$일 때 $\lim_{n\to\infty}\dfrac{E_n}{n}$을 구하라.

**Solution)**

(1) 가장 큰 값이 4인 경우, 4가 $k$개일 확률은 ${}_nC_k\left(\dfrac{1}{4}\right)^k\left(\dfrac{3}{4}\right)^{n-k}$ 이고 가장 큰 값이 3 인 경우는 3 이 $k$개이고 나머지는 1 또는 2이어야 하므로 확률은

$${}_nC_k\left(\frac{1}{4}\right)^k\left(\frac{2}{4}\right)^{n-k}$$

가장 큰 값이 2 인 경우는 2 가 $k$ 개이고 나머지는 1 이어야 하므로 확률은

$${}_nC_k\left(\frac{1}{4}\right)^k\left(\frac{1}{4}\right)^{n-k} = {}_nC_k\left(\frac{1}{4}\right)^n$$

가장 큰 값이 1 인 경우는 $k=n$ 인 경우이므로 확률은 $\left(\frac{1}{4}\right)^n$ 이다.

$k<n$ 인 경우

$$P(A_k) = {}_nC_k\left\{\left(\frac{1}{4}\right)^k\left(\frac{3}{4}\right)^{n-k} + \left(\frac{1}{4}\right)^k\left(\frac{2}{4}\right)^{n-k} + \left(\frac{1}{4}\right)^n\right\}$$
$$= {}_nC_k\,\frac{1}{4^n}(3^{n-k}+2^{n-k}+1)$$

$k=n$인 경우

$$P(A_k) = {}_nC_n\left(\frac{1}{4}\right)^n + {}_nC_n\left(\frac{1}{4}\right)^n + {}_nC_n\left(\frac{1}{4}\right)^n + \left(\frac{1}{4}\right)^n = \frac{1}{4^{n-1}}$$

이다.

(2) (1)로부터 $E_n = \sum_{k=1}^{n} k\,P(A_k) = \sum_{k=1}^{n-1} k\,{}_nC_k\left(\frac{1}{4^n}\right)(3^{n-k}+2^{n-k}+1) + \frac{n}{4^n}$ 이다.

그리고 이항정리 $(x+1)^n = \sum_{k=0}^{n} {}_nC_k\,x^k$의 양변을 $x$에 관해 미분하면

$$n(x+1)^{n-1} = \sum_{k=0}^{n} k\,{}_nC_k\,x^{k-1}$$

이고 다시 양변에 $x$을 곱하면

$$\sum_{k=0}^{n} k\,{}_nC_k\,x^k = nx(x+1)^{n-1}$$

이다. 여기서 $x=\frac{1}{3},\ \frac{1}{2},\ 1$을 대입하면

$$E_n = \frac{1}{4^n}\left\{3^n\left(\frac{n}{3}\right)\left(\frac{4}{3}\right)^{n-1} + 2^n\left(\frac{n}{2}\right)\left(\frac{3}{2}\right)^{n-1} + n2^{n-1}\right\} + \frac{n}{4^n}$$
$$= \frac{n}{4}\left\{1+\left(\frac{3}{4}\right)^{n-1} + \left(\frac{1}{2}\right)^{n-1} + \left(\frac{1}{4}\right)^{n-1}\right\}$$

이므로 $\lim_{n\to\infty}\frac{E_n}{n}=4$ 이다. ■

**[Ex 066]** 확률과 점화식

A군은 일기를 가급적 쓸려고 하고 있다. 일기를 쓰는 다음날에 계속 일기를 쓸 확률이 $\frac{2}{3}$이고 일기를 안 쓰는 날의 다음날 일기를 쓸 확률이 $\frac{5}{6}$ 라고 한다. 첫날 일기를 쓴다면 $n$ 번째 날에 일기를 쓸 확률을 구하라.

**Solution)**

$n$ 번째 날에 일기를 쓸 확률을 $p_n$이라 하면 $n$번째 날에 일기를 쓰지 않을 확률이 $1-p_n$이므로

$$p_{n+1}=\frac{2}{3}p_n+\frac{5}{6}(1-p_n)=\frac{5}{6}-\frac{1}{6}p_n$$

이고 양변에 $\frac{5}{7}$을 빼면

$$p_{n+1}-\frac{5}{7}=-\frac{1}{6}\left(p_n-\frac{5}{7}\right)$$

이 고 이식을 변형하면

$$p_n-\frac{5}{7}=\left(-\frac{1}{6}\right)^{n-1}\left(p_1-\frac{5}{7}\right)=\left(-\frac{1}{6}\right)^{n-1}\left(1-\frac{5}{7}\right)=\frac{2}{7}\left(-\frac{1}{6}\right)^{n-1}$$

이므로 $p_n=\frac{5}{7}+\frac{2}{7}\left(-\frac{1}{6}\right)^{n-1}$ $Z$이다. ■

**[Ex 067]** 확률과 점화식

$A$, $B$, $C$ 세 개의 점등이 있다. 세 개의 점등 중에 반드시 한 개만 불이 켜져 있고 동시에 모두 꺼지는 경우는 없다. 각각의 점등은 불이 켜지고 1초 후에 꺼지면서 나머지 두 개의 점등 중에 하나가 켜지는데 각각 켜질 확률은 $\frac{1}{2}$이라고 한다. $A$에 불이 들어온 후

$n$초 후에 다시 $A$ 에 불이 들어올 확률을 $p(n)$ 이라하고 $B$에 불이 들어올 확률을 $q(n)$ 이라 할 때

(1) $p(n) = q(n-1)$임을 보여라.

(2) $2p(n) + p(n-1) = 1$임을 보여라.

(3) $p(n)$을 구하라.

**Solution)**

(1) $A$에 불이 들어온 후 $n$초 후에 다시 $C$에 불이 들어올 확률을 $r(n)$이라 하면

$$p(n) = 0 \times p(n-1) + \frac{1}{2} \times q(n-1) + \frac{1}{2} \times r(n-1)$$

이고 $q(n-1) = r(n-1)$ 로부터 $p(n) = q(n-1)$이다.

(2) 세 개의 점등 중에 반드시 한 개는 불이 켜져 있으므로 $p(n) + q(n) + r(n) = 1$ 이고 이 식에 $q(n) = r(n)$인 사실을 대입하면 $p(n) + 2q(n) = 1$이고

$$2q(n-1) = 2p(n) = 1 - p(n-1)$$

이므로 $2p(n) + p(n-1) = 1$이다.

(3) (2)의 식을 변형하면 $p(n) - \frac{1}{3} = -\frac{1}{2}\left\{p(n-1) - \frac{1}{3}\right\}$이고 점화식을 정리하면

$$p(n) - \frac{1}{3} = \left(-\frac{1}{2}\right)^n \left\{p(0) - \frac{1}{3}\right\} = \left(-\frac{1}{2}\right)^n \left(1 - \frac{1}{3}\right) = \frac{2}{3}\left(-\frac{1}{2}\right)^n$$

이므로 $p(n) = \frac{1}{3} + \frac{2}{3}\left(-\frac{1}{2}\right)^n$이다. ■

**[Ex 068]** 확률과 점화식

수직선 위의 원점에서 동전을 던져 앞면이 나오면 1만큼, 뒷면이 나오면 2만큼 양의 방향으로 이동한다고 한다. 점 $n$에 도달 할 확률 $p_n$ $(n \geq 3)$을 구하라. (단 $n$은 자연수).

**Solution)**

점 $n$에 도달 하는 경우는 직전에 점 $(n-1)$ 이거나 $(n-2)$이고 각각의 확률이 $\frac{1}{2}$이므로

$$p_n = \frac{1}{2}p_{n-1} + \frac{1}{2}p_{n-2} \qquad (n \geq 3)$$

인 관계식을 가진다. 이 식을 다음 2가지로 변형하면

$$p_n - p_{n-1} = -\frac{1}{2}(p_{n-1} - p_{n-2})$$

$$p_n - p_{n-1} = \left(-\frac{1}{2}\right)^{n-2}(p_2 - p_1) \quad \cdots\cdots ①$$

$$p_n + \frac{1}{2}p_{n-1} = p_{n-1} + \frac{1}{2}p_{n-2}$$

$$p_n + \frac{1}{2}p_{n-1} = p_2 + \frac{1}{2}p_1 \quad \cdots\cdots ②$$

이고 {① + 2×②} ÷ 3을 하면

$$p(n) = \frac{1}{3}\left\{\left(-\frac{1}{2}\right)^{n-2}(p_2 - p_1) + 2\left(p_2 + \frac{1}{2}p_1\right)\right\} \quad \cdots\cdots ③$$

이다. 그리고 점 1 도달하기 위해서는 첫 번째 동전을 던졌을 때 앞면이 나와야 하고, 점 2에 도달하기 위해서는 두 번 연속 앞면이 나오거나 첫 번째 뒷면이 나오는 경우이므로

$$p_1 = \frac{1}{2}, \quad p_2 = \frac{1}{2} + \left(\frac{1}{2}\right)^2 = \frac{3}{4}$$

이다. 이 값을 ③에 대입하면 다음 확률을 얻는다.

$$p(n) = \frac{1}{3}\left\{\left(-\frac{1}{2}\right)^{n-2} + 2\right\} \quad (n \geq 3).$$

■

**[Ex 069]** 확률과 점화식

정사각형의 네 꼭지점을 $A$, $B$, $C$, $D$ 라 할 때 점 $A$ 에서 아래 (가), (나), (다)의 규칙에 따라 움직인다. 주사위 한 개를 던져서

(가) 1 또는 2 가 나오면 화살표 방향으로 이동

(나) 3 또는 4 가 나오면 이동하지 않고

(다) 5 또는 6 가 나오면 화살표 반대 방향으로 이동한다.

단, 이동은 꼭지점에서 꼭지점으로 한 번만 이동한다.

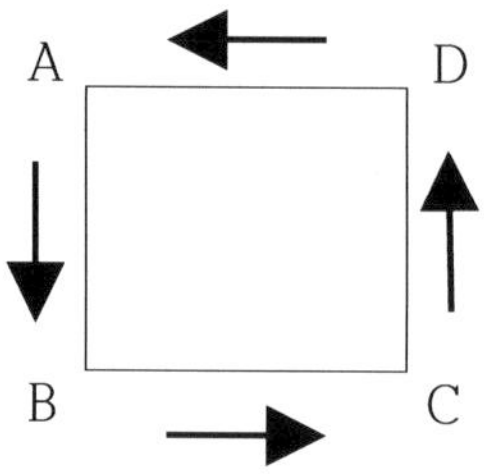


주사위를 $n$번 던진 후 점 $A, B, C, D$에 있을 확률을 각각 $a_n$, $b_n$, $c_n$, $d_n$라 할 때

(1) $b_n = d_n$임을 보여라.

(2) $b_n$을 $n$으로 표현하라. (확률 $b_n$을 구하라.)

**Solution)**

(1) $a_1 = \frac{1}{3}$, $b_1 = \frac{1}{3}$, $c_1 = 0$, $d_1 = \frac{1}{3}$이므로 주사위 $n$번째 던져서 점 $B$에 있을 경우는 $(n-1)$번째 주사위를 던진 후의 위치가

$A$이면 $n$번째는 주사위가 1 또는 2가 나와야 하고
$B$이면 $n$번째는 주사위가 3 또는 4 가 나와야 하고
$C$이면 $n$번째는 주사위가 5 또는 6 가 나와야 한다.

따라서

$$b_n = \frac{1}{3}a_{n-1} + \frac{1}{3}b_{n-1} + \frac{1}{3}c_{n-1} \quad \cdots\cdots ①$$

이고 같은 방법으로

$$d_n = \frac{1}{3}c_{n-1} + \frac{1}{3}d_{n-1} + \frac{1}{3}a_{n-1} \quad \cdots\cdots ②$$

이고 ① - ②을 하면

$$b_n - d_n = \frac{1}{3}(b_n - d_{n-1}) = \left(\frac{1}{3}\right)^{n-1}(b_1 - d_1) = 0$$

이므로 $b_n = d_n$이다.

(2) $a_n+b_n+c_n+d_n=1$이므로 (1)의 결과로부터

$$a_n+b_n+c_n=1-d_n=1-b_n$$

이고 이것을 ①에 대입하면

$$b_n=\frac{1}{3}(1-b_{n-1}) \text{ 이고 } b_n-\frac{1}{4}=-\frac{1}{3}\left(b_{n-1}-\frac{1}{4}\right)$$

이므로

$$b_n-\frac{1}{4}=\left(-\frac{1}{3}\right)^{n-1}\left(b_1-\frac{1}{4}\right)=\frac{1}{12}\left(-\frac{1}{3}\right)^{n-1}$$

이므로 $b_n=\frac{1}{4}-\frac{1}{4}\left(-\frac{1}{3}\right)^n$이다. ■

## 10. 교원임용고사 기출문제

**[Ex 070]** 임용고사 기출문제

길이가 $a$인 선분을 임의로 세 선분으로 나눈다. 이 때 세 선분이 삼각형이 될 확률은?

**Solution)**

길이 $a$인 선분을 세 선분으로 나누었을 때, 처음 두 선분의 길이를 차례로 $x, y$라 하면 나머지 한 선분의 길이는 $a-x-y$이다. 이 때, $x, y$는 다음 조건을 만족해야 한다.

$$0 < x < a,\ 0 < y < a,\ 0 < a-x-y < a$$

따라서 표본공간을 $S$라 하면,

$$S = \{(x,y) \mid 0 < x < a,\ 0 < y < a,\ 0 < a-x-y < a\}$$

또, 이 세 선분이 삼각형의 세 변이 될 조건은 (두 변의 길이의 합) > (나머지 한 변의 길이)에서

$$\begin{cases} x+y > a-x-y \\ x+(a-x-y) > y \\ y+(a-x-y) > x \end{cases} \qquad \therefore \begin{cases} x+y > \dfrac{a}{2} \\ y < \dfrac{a}{2} \\ x < \dfrac{a}{2} \end{cases}$$

즉 세 선분이 삼각형을 이루게 되는 사건을 $E$라고 하면,

$$E = \left\{(x,y) \middle| (x,y) \in S,\ x+y < \frac{a}{2},\ x < \frac{a}{2}, y < \frac{a}{2}\right\}.$$

따라서 구하는 확률을 $P(E)$라 하면

$$P(E) = \frac{\frac{1}{2} \times \frac{a}{2} \times \frac{a}{2}}{\frac{1}{2} \times a \times a} = \frac{1}{4}$$

이다. ■

**[Ex 071]** 임용고사 기출문제

방학 후 여행에 대한 설문조사에서 강원도를 다녀온 학생이 전체의 $\frac{2}{5}$, 제주도가 $\frac{1}{4}$ 이었다. 강원도를 다녀오지 않은 학생을 임의로 뽑았을 때, 이 학생이 제주도를 다녀오지 않았을 조건부확률을 구하시오. (단, 강원도와 제주도를 다녀오는 것은 서로 독립사건이다.)

**Solution)**

강원도를 여행할 사건을 $A$, 제주도를 여행할 사건을 $B$ 라 하면 $p(A)=\frac{2}{5}$, $p(B)=\frac{1}{4}$ 이고 $A$, $B$ 는 독립이므로 $p(A\cap B)=p(A)+p(B)-p(A\cap B)$ 에서 $p(A\cup B)=\frac{11}{20}$

구하는 조건부 확률은 다음과 같다.

$$p(B^c|A^c)=\frac{p(A^c\cap B^c)}{p(A^c)}=\frac{1-p(A\cup B)}{1-p(A)}=\frac{1-\frac{11}{20}}{1-\frac{2}{5}}=\frac{3}{4}$$ ■

**[Ex 072]** 임용고사 기출문제

어떤 회사에서는 세 대의 기계 $a$, $b$, $c$로 같은 종류의 빵을 만들고 있따. 세 대의 기계는 각각 총생산량의 20%, 30%, 50%를 생산하고 있으며, 생산품의 불량률은 각각 0.5%, 1%, 2% 이다. 생산된 빵을 임의로 한 개 택하여 검사했을 때, 그것이 불량품이어다고 하자. 이 불량품이 기계 $a$ 또는 $b$에서 생산되었을 확률을 구하시오.

**Solution)**

기계 $a, b, c$에서 생산된 제품과 불량품들을 각각 사건 $A, B, C, E$라 두자. 그러면 각 사건과 조건부확률가정에 의해

$$P(A)=0.2,\ P(B)=0.3,\ P(C)=0.5$$
$$P(E|A)=0.005,\ P(E|B)=0.01,\ P(E|C)=0.0$$

이다. 이제 조건부 확률의 정의에 의해

$$P(A\cap E)=P(A)P(E|A)=0.2\times0.005=0.001$$
$$P(B\cap E)=P(B)\,P(E|B)=0.3\times0.01=0.003$$
$$P(C\cap E)=P(C)P(E|C)=0.5\times0.02=0.01$$

$$P(E)=P(A\cap E)+P(B\cap E)+P(C\cap E)=0.014$$

이다. 두 기계에 의해 동시에 생산된 제품은 존재하지 않으므로 $A\cap B=\varnothing$이다.

$$\begin{aligned} P((A\cup B)|E) &= \frac{P((A\cup B)\cap E)}{P(E)} \\ &= \frac{P(A\cap E)+P(B\cap E)}{P(E)} \\ &= \frac{0.001+0.003}{0.014}=\frac{2}{7}. \end{aligned}$$

■

**[Ex 073]** 임용고사 기출문제

그림과 같은 정삼각형 내부에 있는 임의의 점 $P$에서 각 변까지의 거리를 각각 $x_1$, $x_2$, $x_3$라 하자. 이때 $x_1$, $x_2$, $x_3$가 삼각형의 세 변의 길이가 될 확률은?

**Solution)**

$A(\frac{1}{2},\frac{\sqrt{3}}{2})$, $B(0,0)$, $C(1,0)$이라 두고 $P(a,b)$로 놓으면

$$x_2=\frac{\sqrt{3}\,a+b-\sqrt{3}}{2},\ x_3=\frac{\sqrt{3}\,a-b}{2}\text{이고 } x_1+x_2+x_3=\frac{\sqrt{3}}{2}$$

이므로 $x_1=\sqrt{3}-\sqrt{3}\,a$이다. 이제 $0\le x_1,x_2,x_3\le\frac{\sqrt{3}}{2}$을 만족하는 부분을 $S_1$이라 하고

$$x_1\le x_2+x_3,\ x_2\le x_1+x_3,\ x_3\le x_1+x_2$$

을 만족하는 부분을 $S_2$이라 하면 구하고자 하는 확률 $p=\frac{S_2}{S_1}=\frac{1}{5}$이다. ■

**[Ex 074]** 임용고사 기출문제

동전 $n$개를 동시에 던져서 모두 앞면이 나오면 $n$점을 얻고, 그렇지 않으면 0점을 얻는다고 하자. 이 규칙에 따라 동전 $n$개를 동시에 던지는 시행에서 얻을 수 있는 점수의 기댓값 $E_n$ 을 구하고, $E_n$이 최대가 되는 $n$을 모두 구하시오. (단, $n$은 자연수이다.)

**Solution)**

$n$점을 얻을 확률은 $\frac{1}{2^n}$, 0점을 얻을 확률은 $1-\frac{1}{2^n}$이므로

$$E_n = n \cdot \frac{1}{2^n} + 0 \cdot \left(1-\frac{1}{2^n}\right) = \frac{n}{2^n}$$

이다. $E_n$이 단조감소이고 $E_1 = E_2 = \frac{1}{2}$이므로 $E_n$이 최대가 되는 $n$은 1과 2이다. ■

# PART 2

# 통계

# 11. 통계 기초이론

## 1) 기초이론

### (1) 도수분포표

도수 분포 표를 만들 때, 자료의 개수에 비해 계급의 수가 과다하면 오히려 전체의 모습을 파악하기 어렵다. 정해진 것은 없지만 보통, 계급의 수는 20개를 넘지 않는 것이 바람직하다. 단순히 자료 전체 모습을 이해하기 위해서는 단순하게 도수분포표를 만드는 것으로 충분하지만 보다 많은 정보를 빨리 이해하기 위해서 상대도수, 누적도수, 누적상대도수도 사용한다.

(a) 상대도수 : 각 계급에 속하는 도수의 총 도수에 대한 비율(%)

(b) 누적도수 : 해당 계급이하(또는 이상)에 속하는 도수의 합

(c) 누적 상대도수 : 누적도수의 총 도수에 대한 비율(%)

(주의) 누적 상대 도수의 값은, 상대 도수 값을 차례로 가하는 것이 아니라 누적 도수의 값으로부터 찾아야 한다. 그렇지 않으면 나눗셈 때의 오차가 누적되기 때문이다.

### (2) 중심측도 대푯값

자료 전체 구성을 이해하기 위해서는 도수 분포 표와 히스토그램 등이 유효하다. 그러나 자료 전체의 특징을 1개의 수치로 대표하여 이해하는 것도 매우 중요하다. 그런 수치를 대푯값이라고 부르고, 대푯값에는 전체자료의 중심위치를 대표하는 중심측도 값과 산포정도를 대표하는 산포측도 값이 있다.

자료의 중심측도에는 a) 평균 b) 기하평균 c) 중앙값 d) 최빈값 등이 있다.

(a) 평균 : 자료 값이 $x_1,\ x_2,\ x_{3,}\ \cdots,\ x_n$ 일 때 아래 $\overline{x}$ 을 평균이라 한다.

$$\overline{x} = \frac{x_1 + x_2 + \cdots + x_n}{n} = \frac{1}{n}\sum_{k=1}^{n} x_k$$

(b) 기하평균 : 자료 값이 $x_1,\ x_2,\ x_{3,}\ \cdots,\ x_n$ 일 때 아래 $G$ 을 기하평균이라 한다.

$$G = \sqrt[n]{x_1 \times x_2 \times \cdots \times x_n}$$

(c) 중앙값: 자료 값이 $x_1,\ x_2,\ x_3,\ \cdots,\ x_n$ 일 때 자료를 크기 순서로 재배열하여 중앙에 위치한 자료 값을 중앙값이라 한다. $x_{(1)},\ x_{(2)},\ x_{(3)},\ \cdots,\ x_{(n)}$ 을 크기 순서로 재배열한 자료라 하면

$$M_e = \begin{cases} x_{\left(\frac{n+1}{2}\right)} & \text{if } n = \text{홀수} \\ \dfrac{x_{\left(\frac{n}{2}\right)} + x_{\left(\frac{n}{2}+1\right)}}{2} & \text{if } n = \text{짝수} \end{cases}$$

이 중앙값이다.

(d) 최빈값: 자료 값이 $x_1,\ x_2,\ x_3,\ \cdots,\ x_n$ 일 때 동일한 값의 개수가 가장 많은 자료 값을 최빈값이라 한다.

**[참고]** 어떤 상품의 매상고에 대해서, 지난해는 재작년의 2배, 올해는 지난해 8배가 되는 경우, 상가 평균을 취하고 1년당 5배가 됐다는 것은 잘못이다. 이 경우는 2년간 16배이므로 인 1년당 4배로 생각해야 한다. 경제 현상에 대한 분석에서 자주 이용되는 성장률에 대한 자료 등에서는, 기하 평균을 이용해야 하는 경우가 많다.

(3) 산포측도 대푯값

전체자료의 퍼져있는 정도를 측정하는 값으로 a) 범위 b) 4분 위수편차 c) 평균편차 d) 분산과 표준편차 e) 변동계수 등이 있다.

(a) 범위: 자료 값이 $x_1,\ x_2,\ x_3,\ \cdots,\ x_n$ 일 때

$$R = Max(x_1,\ x_2,\ x_3,\ \cdots,\ x_n) - Min(x_1,\ x_2,\ x_3,\ \cdots,\ x_n)$$

을 자료의 범위라 한다.

(b) 4분 위수편차: 자료 값이 $x_1,\ x_2,\ x_3,\ \cdots,\ x_n$ 일 때 자료를 크기 순서로 재배열하여 하위 25% 위치에 있는 값과 하위 75% 위치에 있는 값의 차이를 말한다.

$$Q = Q_3 - Q_1$$

단 $Q_1$: 전체 자료를 순서로 재배열했을 때 하위 25% 지점에 위치한 자료 값.

$Q_3$: 전체 자료를 순서로 재배열했을 때 하위 75% 지점에 위치한 자료 값.

(c) 평균편차: 자료 값이 $x_1,\ x_2,\ x_{3,}\ \cdots,\ x_n$ 일 때

$$M.D = \frac{1}{n}\sum_{i=1}^{n}|x_i - \overline{x}|$$

을 평균편차라 한다. (주의: 표준편차와 다르다.)

(d) 분산과 표준편차: 자료 값이 $x_1,\ x_2,\ x_{3,}\ \cdots,\ x_n$ 일 때

$$\sigma^2 = \frac{1}{n}\sum_{i=1}^{n}\left(x_i - \overline{x}\right)^2 = \frac{1}{n}\sum_{i=1}^{n}x_i^2 - \overline{x}^2$$

을 분산이라 하고 $\sigma = \sqrt{\sigma^2}$ 을 표준편차라 한다.

(e) 변동계수 : 자료 값이 $x_1,\ x_2,\ x_{3,}\ \cdots,\ x_n$ 일 때

$$C.V = \frac{\sigma}{\overline{x}} \quad (\sigma:\ \text{표준편차},\ \overline{x}:\ \text{평균})$$

을 변동계수라 한다.

**[참고]** 변동계수는 측정단위가 다른 두 집단의 변동성을 비교하는 값이다.

(4) 기타

(a) 표준측도(표준화 자료): 자료 값이 $x_1,\ x_2,\ x_{3,}\ \cdots,\ x_n$ 이고 이 자료의 평균과 표준편차가 각각 $\overline{x}$, $\sigma$일 때 $t_i = \dfrac{x_i - \overline{x}}{\sigma}$ 을 자료 값 $x_1,\ x_2,\ x_{3,}\ \cdots,\ x_n$ 의 표준측도 또는 표준화된 값이라 한다.

(b) 편차값: 자료 값이 $x_1,\ x_2,\ x_{3,}\ \cdots,\ x_n$ 이고 이 자료의 평균, 표준편차, 표준측도가 각각 $\overline{x}$, $\sigma$, $t_i$일 때 $z_i = 50 + 10 \times \dfrac{x_i - \overline{x}}{\sigma} = 50 + 10t_i$을 자료 값 $x_1,\ x_2,\ x_{3,}\ \cdots,\ x_n$ 의 편차값이라 한다.

**[참고]** 어떤 자료값에 대한 표준측도는 0의 값이 평균값이다. 따라서 음수값이 나오게 되므로 좀 더 편리하게 변환 시킨 값이 편차값이다. 편차값은 현재 평가를 위한 여러 자료에서 가장 많이 사용되고 있다.

(c) 체비세프 부등식

$n$ 개의 자료 $x_1$, $x_2$, $x_{3,}$ $\cdots$, $x_n$의 평균과 표준편차가 각각 $\overline{x}$, $\sigma$일 때 임의의 정수 $k$에 대해서 $|x_i-\overline{x}| \le k\sigma$ 을 만족하는 자료의 수는 $n\left(1-\dfrac{1}{k^2}\right)$ 개 이상이다.

**[참고]** 평균과 표준편차를 알면 전체 자료의 도수분포의 대략적인 형태를 알 수 있다. 이 근거를 제공하는 것이 체비세프 부등식이다. 따라서 통계에서는 평균과 분산(표준편차)에 대한 정보를 추정하는 것이다.

**2) 두 집단(2변량)간의 관계**

자료집단의 수가 2개인 경우를 살펴보자. 자료 값이 $x_1$, $x_2$, $x_{3,}$ $\cdots$, $x_n$인 집단 $X$와 $y_1$, $y_2$, $y_{3,}$ $\cdots$, $y_n$인 집단 $Y$일 때 두 집단 $X$와 $Y$의 자료 간의 관계를 상관관계라 한다.

상관관계 : 자료 값이 $x_1$, $x_2$, $x_{3,}$ $\cdots$, $x_n$인 집단 $X$와 $y_1$, $y_2$, $y_{3,}$ $\cdots$, $y_n$인 집단 $Y$일 때 각 집단의 평균과 표준편차를 각각 $\overline{x}$, $\sigma_x$, $\overline{y}$, $\sigma_y$라 할 때

$$r_{xy} = \frac{\dfrac{1}{n}\displaystyle\sum_{i=1}^{n}(x_i-\overline{x})(y_i-\overline{y})}{\sigma_x\,\sigma_y}$$

을 $X$와 $Y$의 상관계수라 한다.

**[참고]** 상관계수의 정의로부터 상관계수는 ($x$의 표준측도)×($y$의 표준측도)에 대한 평균이다. 즉,

$$r_{xy} = \frac{\dfrac{1}{n}\displaystyle\sum_{i=1}^{n}(x_i-\overline{x})(y_i-\overline{y})}{\sigma_x\,\sigma_y} = \frac{1}{n}\sum_{i=1}^{n}\left(\frac{x_i-\overline{x}}{\sigma_x}\right)\left(\frac{y_i-\overline{y}}{\sigma_y}\right).$$

**[참고]** 상관 계수의 값은 $-1 \le r_{xy} \le 1$ 범위에서 값을 가진다. $r_{xy}$의 값에 따라 두 집단의 관계를 알 수 있다. $r_{xy} \to 1$ (1 에 가까운 값) 일수록 $X$와 $Y$는 양

의 상관관계이다. 즉 산포도의 모향이 $x$의 값이 커질수록 $y$의 값이 커지는 정비례 모양을 나타낸다. $r_{xy}=1$이면 $X$와 $Y$는 정확히 $y=ax+b\,(a>0)$ 인 직선의 관계가 된다. 반대로 $r_{xy}\to -1$ ($-1$ 에 가까운 값) 일수록 $X$와 $Y$는 음의 상관관계이다. 즉, $x$의 값이 커질수록 $y$의 값이 작아지는 반비례 모양을 나타내고 $r_{xy}=-1$이면 $X$와 $Y$는 정확히 $y=ax+b\,(a<0)$인 직선의 관계가 된다. $r_{xy}\to 0$ (0 에 가까운 값)일수록 $X$와 $Y$는 상관관계가 없다. 즉, $x$의 값과 $y$의 값 변화에 대한 관련성을 찾을 수 없음을 의미한다.

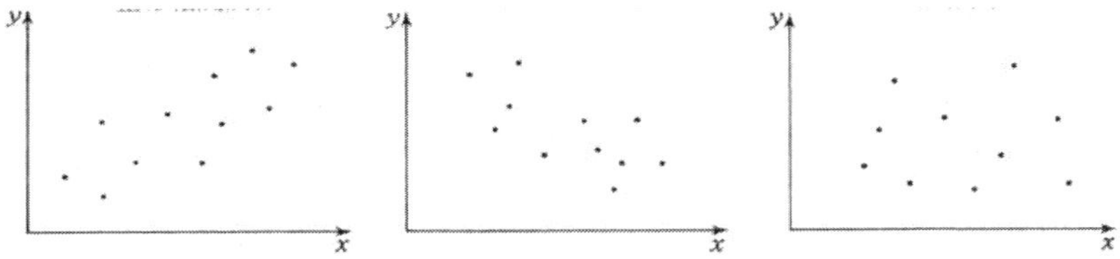


양의 상관관계　　　음의 상관관계　　　무상관

### 3) 이산 확률변수

(1) 확률변수 : 시행(실험)의 결과로 그 값이 정해지는 변수 $X$

(2) 확률분포 : 확률변수 $X$가 취할 수 있는 값 $x_i$와 $x_i$에서의 확률 $p_i$을 (이산)확률분포라 한다. 확률변수 $X$는 이 확률분포의 형태로 결정된다.

(3) 확률분포 표 : 다음과 같은 형태의 표를 확률변수 $X$의 확률분포 표라 한다.

| $X$ | $x_1 \quad x_2 \quad x_3 \quad \cdots\cdots \quad x_n$ | 합계 |
|---|---|---|
| $p$ | $p_1 \quad p_2 \quad p_3 \quad \cdots\cdots \quad p_n$ | 1 |

단, $P(X=x_i)=p_i,\ \sum_{i=1}^{n} p_i = 1.$

(4) 기댓값(평균) : $E(X)=\overline{x}=x_1p_1+x_2p_2+\cdots\cdots+x_np_n=\sum_{i=1}^{n} x_ip_i$

(5) 분산 :

$$V(X)=(x_1-\overline{x})^2p_1+(x_2-\overline{x})^2p_2+\cdots+(x_n-\overline{x})^2p_n=\sum_{i=1}^{n}(x_i-\overline{x})^2p_i$$

(6) 표준표차 : $\sigma(X) = \sqrt{V(X)}$

**[참고]** 위의 확률변수 $X$가 가질 수 있는 값 $x_i$는 가산무한인 경우까지 동일한 정의로 확장된다. 즉 가산무한일 경우 다음과 같이 정의된다.

$$E(X) = \overline{x} = \sum_{i=1}^{\infty} x_i p_i\ ,\quad V(X) = \sum_{i=1}^{\infty} (x_i - \overline{x})^2 p_i$$

**4) 이항변수확률**

(1) 이항확률변수의 정의 : 확률변수 $X$가 점 0, 1, 2, $\cdots$, $n$ 에서 확률

$$P(X_i = i) = {}_nC_i\, p^i q^{n-i}\ ,\quad 0 < p < 1,\ p + q = 1$$

일 때 $X$의 확률분포를 이항분포라 하고 기호로 $b(n, p)$ 또는 $X \sim b(n, p)$ 라 적는다.

(2) 이항확률변수의 평균과 분산 : 확률변수 $X$가 이항분포로 $b(n, p)$이면 기댓값과 분산은 다음과 같다.

$$E(X) = np,\quad V(X) = npq\ \ (\text{단},\ q = 1 - p).$$

**5) 연속 확률변수**

(1) 연속 확률변수 : 시행(또는 실험)의 결과로 그 값이 정해지는 변수로 확률변수라 한다. 확률변수 $X$가 취할 수 있는 값의 범위가 어떤 구간에 속하는 모든 값일 때 연속 확률변수라 한다.

(2) 확률밀도함수 : 확률변수 $X$가 값 $a$와 $b$ 사이의 값을 가질 확률 $P(a \le X \le b)$가 어떤 함수 $f(x)$와

$$P(a \le X \le b) = \int_a^b f(x)dx$$

의 관계로 만들어질 때 함수 $f(x)$을 확률변수 $X$의 확률밀도함수라 한다.

(3) 확률밀도함수 $f(x)$의 성질

(a) $f(x) \geq 0$

(b) 확률변수 $X$가 값을 가질 수 있는 전 구간 $(\alpha, \beta)$에 대하여

$$P(\alpha \leq X \leq b) = \int_{\alpha}^{b} f(x)dx = 1$$

(4) 확률분포 곡선: 확률밀도함수의 곡선 $y = f(x)$을 확률변수 $X$의 확률분포 곡선이라 한다.

(5) 평균과 분산

확률변수 $X$가 값을 가질 수 있는 전 구간을 $(\alpha, \beta)$라 하고 $X$의 확률밀도함수가 $f(x)$이면 확률변수 $X$의 기댓값, 분산, 표준편차는 다음과 같다.

기댓값: $E(X) = m = \int_{\alpha}^{\beta} f(x)\,dx$

분산: $V(X) = \int_{\alpha}^{\beta} (x-m)^2 f(x)dx$

표준편차: $\sigma = \sqrt{V(X)}$

(6) 기댓값과 분산에 대한 성질

(a) $V(X) = E(X^2) - \{E(X)\}^2$

(b) $E(aX+b) = aE(X) + b$

(c) $E(X+Y) = E(X) + E(Y)$

(d) $V(aX+b) = a^2\,V(X)$

(e) $X$와 $Y$가 독립이면 $E(XY) = E(X)E(Y)$

(f) $X$와 $Y$가 독립이면 $V(X+Y) = V(X) + V(Y)$ (즉 $Cov(X, Y) = 0$

(7) $X+Y$의 확률밀도함수

독립인 두 확률변수 $X$, $Y$의 확률밀도함수가 각각 $f(x)$, $g(x)$이면 확률변수 $S = X+Y$의 확률밀도함수 $h(s)$는 다음과 같다.

$$h(s) = \int_{-\infty}^{\infty} f(s-u)\,g(u)\,du$$

### 6) 정규 확률분포

(1) 정규 확률분포: 확률변수 $X$의 확률밀도함수 $f(x)$가

$$f(x) = \frac{1}{\sqrt{2\pi}\,\sigma} e^{-\frac{(x-\mu)^2}{2\sigma^2}} \quad (e: \text{ 자연대수의 밑수}, \quad \mu, \sigma: \text{ 실수})$$

일 때 정규분포라 하고 기호로 $X \sim N(\mu, \sigma^2)$으로 표시한다.

(2) 정규분포 $X \sim N(\mu, \sigma^2)$ 의 성질

(a) 평균은 $\mu$이고 분산은 $\sigma^2$ 이다.

(b) 분포곡선은 직선 $x = \mu$ 에 대칭이다.

(c) 확률변수 $Z = \dfrac{X-\mu}{\sigma} \sim N(0, 1)$이다. 이 분포를 표준정규분포라 한다. 표준정규분포의 확률밀도함수는 $f(x) = \dfrac{1}{\sqrt{2\pi}} e^{-\frac{x^2}{2}} (-\infty < x < \infty)$이다.

(3) 중심극한정리

$X_1, X_2, X_3, \cdots\cdots, X_n$가 상호 독립인 확률변수이고 각각의 확률변수 평균과 표준편차가 $E(X_i) = \overline{x}$, $\sigma(X_i) = s$이면 확률변수 $\overline{X} = \dfrac{X_1 + X_2 + \cdots + X_n}{n}$의 분포는 $n$이 커지면 근사적으로 표준 정규분포 $N(0, 1)$이다.

(4) 이항분포의 근사

확률변수 $X$가 이항분포로 $X \sim b(n, p)$이면 $n$의 값이 충분히 크면 $X$가 근사적으로 정규분포 $N(np, np(1-p))$이다. (단 $p$가 0 또는 1에 아주 가깝지 않은 값일 때)

## 7) 결합 확률분포

(1) 누적 결합분포함수: 두 개의 확률변수 $X$와 $Y$에 대해서

$$F(a, b) = P\{X \le a, Y \le b\} = \int_{-\infty}^{a} \int_{-\infty}^{b} f(x, y) dx, \ -\infty < a, b < \infty.$$

을 만족하는 함수 $f(x, y)$을 확률변수 $X$와 $Y$의 결합 확률밀도함수라 하고 $F(a, b)$를 누적결합분포함수라 한다.

(2) $X$와 $Y$의 누적분포함수는 각각 다음과 같다.

$$F_X(a) = P(X \le a) = P(X \le a, \ Y \le \infty) = \int_{-\infty}^{a} \int_{-\infty}^{\infty} f(x, y)\, dy dx$$

$$F_Y(b) = P(Y \le a) = P(X \le \infty,\ Y \le b) = \int_{-\infty}^{b}\int_{-\infty}^{\infty} f(x, y)\, dxdy$$

(3) $X$와 $Y$의 확률밀도함수는 각각 다음과 같다.

$$f_X(x) = P(X \le x) = \int_{-\infty}^{\infty} f(x,\ y)dy$$
$$f_Y(y) = P(Y \le y) = \int_{-\infty}^{\infty} f(x,\ y)dx$$

(4) 두 확률변수 $X$와 $Y$에 대해서 $E(aX + bY) = aE(X) + bE(Y)$가 성립한다. 이 경우 유한개까지 확장가능하다.

**8) 추정**

(1) 모집단 : 표본조사에서 조사대상이 되는 전체를 말한다.

(2) 표본 : 모집단으로부터 꺼낸 개체를 말한다. 평균, 분산, 표준편차 등을 모집단과 표본 집단 중 어디에서 가져온 자료인가에 따라서 모평균, 모분산, 모표준편차, 표본평균, 표본분산, 표본표준편차로 구분한다.

(3) 랜덤추출 : 모집단의 모든 개체(원소)가 표본으로 꺼내질 확률이 동일한 경우에 표본을 꺼내는 행위를 말한다. 이렇게 뽑힌 표본을 랜덤표본이라 한다.

(4) 전수조사 : 조사대상 전부를 조사하는 경우를 말한다.
예로는 인구조사, 특정학교에서 전교생을 대상으로 하는 체중조사

(5)표본조사 : 조사대상의 일부만 추출하여 조사라는 경우를 말한다. 비용이 많이 들거나 시간이 많이 걸리거나 조사대상을 파괴해야하는 경우전수조사가 불가능한 경우에 한다

(6) 통계적 추정 : 확률에 대한 지식을 적용하여 표본에서 얻은 정보를 이용하여 모집단에 대해서 추측하는 것이다. "큰 가마솥에 끓이는데 국물의 맛을 알기 위해 국을 모두 먹을 필요가 없다. 작은 그릇에(표본) 잘 저어서 한 그릇(랜덤추출) 떠서 베테랑 요리사 가(확률의 지식) 맛을 보면 큰 가마솥에 가득한 (모집단) 국의 맛을 알 수 있다." 고 설명하기도 한다.

(7) 모평균과 모분산 : $\mu$을 모평균 $\sigma^2$을 모분산 $\sigma = \sqrt{\sigma^2}$ 을 모표준편차로 표시한다.

(8) 표본평균의 평균과 분산 : $n$개의 표본을 추출하는 경우 표본들은 각각이 확률 변수이고 $X_1$, $X_2$, $\cdots$, $X_n$로 표시된다.

표본평균 : $\overline{X} = \frac{1}{n}(X_1 + X_2 + \cdots + X_n)$

표본평균의 평균과 분산 : $E(\overline{X}) = \mu$, $V(\overline{X}) = \frac{\sigma^2}{n}$

(9) 표본평균의 분포 : 모평균이 $\mu$, 모분산이 $\sigma^2$ 인 모집단에서 $n$개의 표본 $X_1$, $X_2$, $\cdots$, $X_n$ 을 추출한 경우 표본의 표본평균 $\overline{X}$ 의 분포는 $n$이 클 경우 (일반적으로 $n \geq 30$ ) 근사적으로 $N\left(\mu, \frac{\sigma^2}{n}\right)$을 따른다.

(10) 표본분산 : $n$개의 표본 $X_1$, $X_2$, $\cdots$, $X_n$ 에 대한 표본평균이 $\overline{X}$ 일 때 표본분산은

$$S^2 = \frac{1}{n-1}\left\{(X_1 - \overline{X})^2 + (X_2 - \overline{X})^2 + \cdots\cdots + (X_n - \overline{X})^2\right\}$$
$$= \frac{1}{n-1}\sum_{i=1}^{n}\left(X_i - \overline{X}\right)^2$$

(11) 표본분산의 평균 : $E(S^2) = \sigma^2$

(주의) 표본분산이

$$S^2 = \frac{1}{n}\left\{(X_1 - \overline{X})^2 + \cdots\cdots + (X_n - \overline{X})^2\right\} = \frac{1}{n}\sum_{i=1}^{n}\left(X_i - \overline{X}\right)^2$$

정의되는 경우는 $E(S^2) = \frac{n-1}{n}\sigma^2$인 관계를 가진다.

**9) 신뢰구간**

(1) 신뢰구간 : 모수(모평균, 모분산, 모비율)을 추정하기 위해 표본으로 정하는 구간

(2) 신뢰도(신뢰계수) : 모수(모평균, 모분산, 모비율)가 신뢰 구간에 포함된다고 기대하는 확률

(3) 모평균 $\mu$의 신뢰구간

모분산이 $\sigma^2$ 인 모집단에 $n(>30)$개의 표본을 추출한 표본평균 $\overline{X}$ 에 대한 모평균 $\mu$의

(i) 90% 신뢰구간: $\left(\overline{X}-1.645\frac{\sigma}{\sqrt{n}},\ \overline{X}+1.645\frac{\sigma}{\sqrt{n}}\right)$

$$\text{즉 } P\left(\overline{X}-1.645\frac{\sigma}{\sqrt{n}}<\mu<\overline{X}+1.645\frac{\sigma}{\sqrt{n}}\right)=0.90$$

(ii) 95% 신뢰구간: $\left(\overline{X}-1.96\frac{\sigma}{\sqrt{n}},\ \overline{X}+1.96\frac{\sigma}{\sqrt{n}}\right)$

$$\text{즉 } P\left(\overline{X}-1.96\frac{\sigma}{\sqrt{n}}<\mu<\overline{X}+1.96\frac{\sigma}{\sqrt{n}}\right)=0.95$$

(iii) 99% 신뢰구간: $\left(\overline{X}-2.58\frac{\sigma}{\sqrt{n}},\ \overline{X}+2.58\frac{\sigma}{\sqrt{n}}\right)$

$$\text{즉 } P\left(\overline{X}-2.58\frac{\sigma}{\sqrt{n}}<\mu<\overline{X}+2.58\frac{\sigma}{\sqrt{n}}\right)=0.99$$

**[참고]** 모집단이 정규분포이면 $n>30$ 인 조건이 필요 없이 항상 성립한다.

(4) 모비율 $p$ 의 신뢰구간

$$\text{모비율 } p=\frac{\text{전체 모집단 중에서 성질 A를 가지는 개체 수}}{\text{전체 모집단 개체수}}$$

$$\text{표본비율 } \hat{p}=\frac{\text{표본 중에서 성질 A를 가지는 개체 수}}{\text{표본전체의 개체 수}}$$

모집단에서 충분히 큰 $n$개의 표본을 추출한 경우 표본비율 $\hat{p}$에 대한 모비율 $p$의

(i) 90% 신뢰구간: $\left(\hat{p}-1.645\sqrt{\frac{\hat{p}(1-\hat{p})}{n}},\ \hat{p}+1.645\sqrt{\frac{\hat{p}(1-\hat{p})}{n}}\right)$

$$\text{즉 } P\left(|\hat{p}-p|<1.645\sqrt{\frac{\hat{p}(1-\hat{p})}{n}}\right)=0.90$$

(ii) 95% 신뢰구간: $\left(\hat{p}-1.96\sqrt{\frac{\hat{p}(1-\hat{p})}{n}},\ \hat{p}+1.96\sqrt{\frac{\hat{p}(1-\hat{p})}{n}}\right)$

즉 $P\left(|\hat{p}-p| < 1.96\sqrt{\dfrac{\hat{p}(1-\hat{p})}{n}}\right)=0.95$

(iii) 99% 신뢰구간: $\left(\hat{p}-2.58\sqrt{\dfrac{\hat{p}(1-\hat{p})}{n}},\ \hat{p}+2.58\sqrt{\dfrac{\hat{p}(1-\hat{p})}{n}}\right)$

즉 $P\left(|\hat{p}-p| < 2.58\sqrt{\dfrac{\hat{p}(1-\hat{p})}{n}}\right)=0.99$

(주의) 모비율의 이론은 표본 수 $n$이 충분히 클 때 성립한다.

(5) 모분산 $\sigma^2$의 신뢰구간

정규모집단에서 $n$개의 표본을 추출한 표본분산 $S^2$에 대한 모분산 $\sigma^2$의

(i) 90% 신뢰구간: $\left(\dfrac{(n-1)S^2}{\chi^2(n-1,\ 0.05)},\ \dfrac{(n-1)S^2}{\chi^2(n-1,\ 0.95)}\right)$

즉 $P\left(\dfrac{(n-1)S^2}{\chi^2(n-1,\ 0.05)} < \sigma^2 < \dfrac{(n-1)S^2}{\chi^2(n-1,\ 0.95)}\right)=0.90$

(ii) 95% 신뢰구간: $\left(\dfrac{(n-1)S^2}{\chi^2(n-1,\ 0.025)},\ \dfrac{(n-1)S^2}{\chi^2(n-1,\ 0.975)}\right)$

즉 $P\left(\dfrac{(n-1)S^2}{\chi^2(n-1,\ 0.025)} < \sigma^2 < \dfrac{(n-1)S^2}{\chi^2(n-1,\ 0.975)}\right)=0.95$

(iii) 99% 신뢰구간: $\left(\dfrac{(n-1)S^2}{\chi^2(n-1,\ 0.005)},\ \dfrac{(n-1)S^2}{\chi^2(n-1,\ 0.995)}\right)$

즉 $P\left(\dfrac{(n-1)S^2}{\chi^2(n-1,\ 0.005)} < \sigma^2 < \dfrac{(n-1)S^2}{\chi^2(n-1,\ 0.995)}\right)=0.99$

**[참고]** $\chi^2$ 분포값은 분포 표를 참조

**10) 가설검정**

(1) 통계적 가설검정: 모집단의 모수에 대한 예상, 주장 또는 단순한 추측을 말한다.

귀무가설($H_0$): 기존에 받아들여지고 있는 가설(대립가설과 상반되는 가설)

대립가설($H_1$) : 자료로부터 강력한 증거에 의하여 입증하고자 하는 가설

(참고) 통계자료로부터 입증하고자 하는 것이 대립가설이다.

대립가설과 귀무가설의 합은 전체집합이 되어야 한다.

(2) 오류 : 가설로 부터 대립가설 또는 귀무가설을 선택하는 과정에서 발생하는 오류

제1종의 오류 : 귀무가설($H_0$)이 참일 때 귀무가설($H_0$)을 기각하는 오류

제2종의 오류 : 대립가설($H_1$)이 참일 때 귀무가설($H_0$)을 채택하는 오류

(3)유의수준 : 제 1종의 오류를 범할 확률의 최대허용한계

(4) 검정통계량 : 귀무가설($H_0$)과 대립가설($H_1$) 중 하나를 선택하는데 사용되는 통계량

(5) 모평균에 대한 검정통계량

(i) 모분산 $\sigma^2$ 을 알 때 검정통계량 $Z = \dfrac{\overline{X} - a}{\dfrac{\sigma}{\sqrt{n}}}$

(ii) 모분산 $\sigma^2$ 을 모를 때 검정통계량 $t = \dfrac{\overline{X} - a}{\dfrac{s}{\sqrt{n}}}$

(6) 기각역 : 귀무가설($H_0$)을 기각하게 되는 검정통계량의 관측값 영역

(7) 양측검정 : 기각역의 범위가 하한영역과 상한영역으로 나누어지는 경우

(8) 단측검정 : 기각역의 범위가 하한 또는 상한영역 중에서 한 영역만 있는 경우

**[참고 : 가설검정의 정리]** 가설검정의 문제는 해결 순서를 이해하면 쉽다.

<1 단계> 검정대상의 모수가 무엇인가?

일반적으로 $\theta = \mu$(모평균) 또는 $\theta = p$(모비율) 중의 하나이다.

<2 단계> 가설설정 : 가설의 형태를 파악한다.

| | 검정형태 | 하한 단측 | 양측 | 상한 단측 |
|---|---|---|---|---|
| 가설: | 귀무가설($H_0$) : | $\mu \geq \theta_0$ | $\mu = \theta_0$ | $\mu \leq \theta_0$ |
| | 대립가설($H_1$) : | $\mu < \theta_0$ | $\mu \neq \theta_0$ | $\mu > \theta_0$ |

$\theta_0$ 의 값은 문제에 주어지는 값이거나 주어지는 표본으로부터 구한다.

<3 단계> 표본수를 파악하고 검정통계량을 결정한다.

$\theta = \mu$(모평균) 인 경우 :

$T = \dfrac{\overline{X} - \theta_0}{\dfrac{s}{\sqrt{n}}}$ (표본수가 30 이하이고 모분산 $\sigma^2$ 을 모르는 경우)

$Z = \dfrac{\overline{X} - \theta_0}{\dfrac{S}{\sqrt{n}}}$ (표본수가 30 이상인 경우 만약 $\sigma$ 값이 주어지면 $S$ 대신 사용)

<4단계> 유의수준이 얼마로 주어지는가?

유의 수준은 통상적으로 $\alpha = 0.01,\ 0.05,\ 0.1$ 중의 하나로 주어진다. 유의 수준에 따라 찾은 검정통계량의 분포표를 사용하여 기각역 R을 구한다.

$T = \dfrac{\overline{X} - \theta_0}{\dfrac{s}{\sqrt{n}}}$ 을 사용하는 경우는 $t-$분포 $t(n-1)$ 표를 이용한다.

$Z = \dfrac{\overline{X} - \theta_0}{\dfrac{S}{\sqrt{n}}}$ 을 사용하는 경우는 표준정규분포 표를 이용한다.

<5단계> 검정통계량의 값이 기각역의 범위에 들어가는지 아닌지를 비교하여 판정한다.

기각역에 들어가면 귀무가설을 기각하고 대립가설을 받아들이고 기각역에 들어가지 않으면 귀무가설을 기각하지 않는다.

## 12. 중심측도, 산포측도 문제

**[Ex 075]** 기하평균

통계청에서는 지역에 대해서 매년 5월 1일 기준으로 전년도 대비 인구증가율을 조사하고 있다. 지난 8년간 조사한 전년도 대비 인구증가율이 다음과 같을 때 지난 8년간 인구가 증가한 평균 비율을 구하라.

전년대비 인구증가율 : 1.07, 1.28, 1.32, 1.21, 1.11, 1.09, 1.05, 1.01

**Solution)**

기하평균을 사용하여야 한다. 따라서

$$\begin{aligned} G &= \sqrt[8]{1.07 \times 1.28 \times 1.32 \times 1.21 \times 1.11 \times 1.09 \times 1.05 \times 1.01} \\ &= \sqrt[8]{2.8068 \cdots} \\ &= 1.137 \cdots \end{aligned}$$

로 매년 평균 약 1.14배로 인구가 증가하였다 ■

**[Ex 076]** 중심측도

학생 15명의 수학 성적이 다음과 같을 때 평균과 중앙값 및 최빈값을 구하라.

성적 : 41, 72, 74, 58, 24, 100, 62, 44, 31, 73, 62, 59, 44, 62, 64

(1) 평균과 중앙값 및 최빈값을 구하라.

(2) 만약 100 점 맞은 학생이 결석했다고 했을 때 평균과 중앙값 및 최빈값을 구하라.

**Solution)**

(1) 위자료를 크기 순서로 재배열하면

24, 31, 41, 44, 44, 58, 59, 62, 62, 62, 64, 72, 73, 74, 100

이므로

$$\bar{x} = \frac{1}{15}(24 + 31 + \cdots + 74 + 100) = \frac{870}{15} = 58, \ M_e = 61, \ M_o = 62$$

이다.

(2) 위자료에서 100이 없다면 자료 수는 14개이다.

$$\bar{x} = \frac{1}{14}(24+31+\cdots+74) = \frac{770}{14} = 55,$$

$$M_e = \frac{1}{2}(59+62) = 60.5,$$

$$M_o = 62.$$

■

**[Ex 077]** 산포측도

다음 표는 학생 50명을 세 그룹으로 나누어 수업한 후 각 그룹별로 구한 수학 성적에 대한 정보이다. 학생 전체의 평균과 표준 편차를 구하라.

| 그룹 | 학생 수 | 평균 | 표준편차 |
|---|---|---|---|
| A | 10 | 60 | 1 |
| B | 20 | 62 | 2 |
| C | 20 | 65 | 4 |
| 합계 | 50 | | |

**Solution)**

학생들의 수학점수를 각각 $a_1,\ a_2,\ a_{3,}\ \cdots,\ a_{62},\ b_1,\ b_2,\ b_{3,}\ \cdots,\ b_{70},\ c_1,\ c_2,\ c_{3,}\ \cdots,\ c_{68}$ 라 하고 각각의 평균과 표준편차를 $\bar{a},\ \sigma_A,\ \bar{b},\ \sigma_B,\ \bar{c},\ \sigma_C$라 하면

$$\bar{a} = \frac{1}{10}\sum_{i=1}^{10} a_i, \quad \sigma_A^2 = \frac{1}{10}\sum_{i=1}^{10} a_i^2 - \bar{a}^2$$

인 관계식으로부터

$$\sum_{i=1}^{10} a_i = 10\bar{a} = 10\times 60 = 600, \quad \sum_{i=1}^{10} a_i^2 = 10(\sigma_A^2 + \bar{a}^2) = 10(1^2+60^2) = 36010$$

이다. 같은 방법으로

$$\sum_{i=1}^{20} b_i = 20\bar{b} = 20\times 62 = 1240, \quad \sum_{i=1}^{20} b_i^2 = 20(\sigma_B^2 + \bar{b}^2) = 20(2^2+62^2) = 76960$$

$$\sum_{i=1}^{20} c_i = 20\bar{c} = 20\times 65 = 1300, \quad \sum_{i=1}^{20} c_i^2 = 20(\sigma_C^2 + \bar{c}^2) = 20(4^2+65^2) = 84820$$

이고

$$\sum_{i=1}^{50} x_i = 600 + 1240 + 1300 = 3140,$$
$$\sum_{i=1}^{50} x_i^2 = 36010 + 76960 + 84820 = 197790$$

이므로

$$\text{평균 } \bar{x} = \frac{1}{50}\sum_{i=1}^{50} x_i = \frac{3140}{50} = 62.8,$$
$$\text{분산 } \sigma^2 = \frac{1}{50}\sum_{i=1}^{50} x_i^2 - \bar{x}^2 = \frac{197790}{50} - (62.8)^2 = 11.96 \approx 12,$$
$$\text{표준편차 } \sigma = 2\sqrt{3}$$

이다. ■

**[Ex 078]** 표준측도(표준화)

평균이 32점, 표준편차가 8점이 나온 시험에서 A, B, C 3인의 시험점수가 각각 56점, 28점, 32점이었다. 표준측도(표준화) 값과 편차값을 구하라.

**Solution)**

$$t_A = \frac{56-32}{8} = 3, \quad t_B = \frac{28-32}{8} = -0.5, \quad t_C = \frac{32-32}{8} = 0$$

이다.

$$z_A = 50 + 10 \times t_A = 80, \quad z_B = 50 + 10 \times (-0.5) = 45, \quad z_C = 50$$

이다. (참고) 많은 평가에서 편차값을 사용한다. ■

**[Ex 079]** 산포측도

다음 표는 200명의 학생을 3개 그룹으로 나누어 치룬 학력검사 결과를 정리한 것이다. 학생 전체의 평균치와 표준 편차를 소수점 첫째자리까지 구하라.

| 그룹 | 인원 | 평균 | 표준편차 |
|---|---|---|---|
| A | 62 | 63.0 | 8.2 |
| B | 70 | 68.3 | 9.1 |
| C | 68 | 63.5 | 8.6 |
| 합계 | 200 | | |

**Solution)**

A, B, C 각 그룹에 속하는 학생의 취득 점수를 각각 $a_1, a_2, \cdots\cdots, a_{62}$, $b_1, b_2, \cdots\cdots, b_{70}$, $c_1, c_2, \cdots\cdots, c_{68}$ 라 하고 각각의 평균과 표준편차를 $\overline{a}$, $\sigma_A$, $\overline{b}$, $\sigma_B$, $\overline{c}$, $\sigma_C$ 라 두면

$$\overline{a} = \frac{1}{62}\sum_{i=1}^{62} a_i, \quad \sigma_A^2 = \frac{1}{62}\sum_{i=1}^{62} a_i^2 - \overline{a}^2$$

이므로

$$\sum_{i=1}^{62} a_i = 62\overline{a} = 62 \times 63.0 = 3906, \quad \sum_{i=1}^{62} a_i^2 = 62(8.2^2 + 630^2) = 25024.88$$

이고 같은 방법으로

$$\sum_{i=1}^{70} b_i = 4781, \quad \sum_{i=1}^{70} b_i^2 = 332339, \quad \sum_{i=1}^{68} c_i = 4318, \quad \sum_{i=1}^{68} c_i^2 = 279222.28$$

이다. 200명의 점수를 각각 $x_1, x_2, \cdots\cdots, x_{200}$ 이라 하면

$$\sum_{i=1}^{200} x_i = \sum_{i=1}^{62} a_i + \sum_{i=1}^{70} b_i + \sum_{i=1}^{68} c_i = 3906 + 4781 + 4318 = 13005$$

$$\sum_{i=1}^{200} x_i^2 = \sum_{i=1}^{62} a_i^2 + \sum_{i=1}^{70} b_i^2 + \sum_{i=1}^{68} c_i^2 = 250246.88 + 332839 + 279222.28 = 861808.16$$

이다. 따라서 전체 학생의 평균과 분산은 다음과 같다.

$$평균\ \overline{x} = \frac{13005}{200},$$

$$분산\ \sigma^2 = \frac{861808.16}{200} - 65.025^2 = 80.7902$$

즉 평균은 65 점 표준편차는 $\sqrt{80.7902} \approx 9.0$ 이다. ■

**[Ex 080]** 상관계수

중학생 12명을 대상으로 신장과 체중을 조사한 결과가 다음과 같았다. 신장과 체중에 대한 상관계수를 구하라.

| 번호 | 1 | 2 | 3 | 4 | 5 | 6 | 7 | 8 | 9 | 10 | 11 | 12 |
|---|---|---|---|---|---|---|---|---|---|---|---|---|
| 신장($cm$) $x$ | 155 | 150 | 170 | 134 | 156 | 165 | 148 | 160 | 142 | 132 | 139 | 149 |
| 체중($kg$) $y$ | 45 | 39 | 55 | 40 | 41 | 49 | 35 | 40 | 42 | 39 | 38 | 41 |

**Solution)**

표로부터 $\overline{x}=150(cm)$, $\overline{y}=42(kg)$ 이다. 편차 $X_i=x_i-\overline{x}$, $Y_i=y_i-\overline{y}$ 를 이용하여 다음과 같이 구할 수 있다.

| $x_i$ | $y_i$ | $X$ | $Y$ | $XY$ | $X^2$ | $Y^2$ |
|---|---|---|---|---|---|---|
| 155 | 45 | 5 | 3 | 15 | 25 | 9 |
| 150 | 39 | 0 | -3 | 0 | 0 | 9 |
| 170 | 55 | 20 | 13 | 260 | 400 | 169 |
| 134 | 40 | -16 | -2 | 32 | 256 | 4 |
| 156 | 41 | 6 | -1 | -6 | 36 | 1 |
| 165 | 49 | 15 | 7 | 105 | 225 | 49 |
| 148 | 35 | -2 | -7 | 14 | 4 | 49 |
| 160 | 40 | 10 | -2 | -20 | 100 | 4 |
| 142 | 42 | -8 | 0 | 0 | 64 | 0 |
| 132 | 39 | -18 | -3 | 54 | 324 | 9 |
| 139 | 38 | -11 | -4 | 44 | 121 | 16 |
| 149 | 41 | -1 | -1 | 1 | 1 | 1 |
| 합계 | | 0 | 0 | 499 | 1556 | 320 |

$$\sigma_x=\sqrt{\frac{1556}{12}}=11.39$$

$$\sigma_y=\sqrt{\frac{320}{12}}=5.164$$

$$C_{xy}=\frac{499}{12}=41.58$$

$$r_{xy}=\frac{C_{xy}}{\sigma_x\sigma_y}=0.707$$

($C_{xy}$: 공분산 ■

**[Ex 081]** 상관계수

아래 표는 고등학생 학생 20명의 수학($x$)과 영어($y$) 성적을 기록한 것이다. 수학($x$)과 영어($y$) 성적에 대한 상관계수를 구하라. 단, $(x,y)=$ (수학, 영어)

$$(59,77),(55,90),(51,84),(42,65),(57,64),$$
$$(71,85),(79,87),(62,84),(73,77),(67,69),$$

$$(47,70),(36,60),(67,82),(57,72),(73,98),$$
$$(86,95),(49,74),(76,74),(47,54),(54,62)$$

**Solution)**

$\bar{x}=60$, $\bar{y}=70$이므로 편차를 구하자. 즉 $x'=x-60$, $y'=y-70$을 구하면

$$\begin{aligned}(x',y')= &(-1,7),\ (-5,20),\ (-9,14),\ (-18,-5),\ (-3,-6),\\ &(11,15),\ (19,17),\ (2,14),\ (13,7),\ (7,-1),\\ &(-13,0),\ (-24,-10),\ (7,12),\ (-3,2),\ (13,28),\\ &(26,25),\ (-11,4),\ (16,4),\ (-13,-16),\ (-6,-8)\end{aligned}$$

이므로 $x'$와 $y'$의 상관계수를 구하면 된다.

$$\sum_{i=1}^{20}x'_i=8,\quad \sum_{i=1}^{20}x'^2_i=3374,\quad \sum_{i=1}^{20}y'_i=123,\quad \sum_{i=1}^{20}y'^2_i=3475,\quad \sum_{i=1}^{20}x_iy_i=2083$$

으로부터

$$V_{x'}=\frac{3374}{20}-\left(\frac{8}{20}\right)^2=168.54,\qquad V_{y'}=\frac{3475}{20}-\left(\frac{123}{20}\right)^2=135.93$$
$$C_{x'y'}=\frac{2083}{20}-\frac{8}{20}\frac{123}{20}=101.69$$

이므로 상관계수는

$$r=\frac{101.69}{\sqrt{168.54\times135.93}}=0.67$$

이다. 수학과 영어는 양의 상관관계를 가진다. 수학 성적이 좋은 학생이 영어성적도 좋다고 할 수 있다. ■

**[Ex 082]** 확률변수

숫자 1부터 10까지 적혀 있는 카드가 있다. 한 장의 카드를 뽑을 때 뽑은 값 $k$가 짝수이면 $\frac{k}{2}$달러를 받고 값 $k$가 홀수이면 $k$달러를 상금으로 받는 확률변수를 $X$라고 할 때 $E(X)$와 $V(X)$를 구하라.

**Solution)**

확률변수 $X$가 가질 수 있는 값은 다음과 같다.

| $k$ | 1 | 2 | 3 | 4 | 5 | 6 | 7 | 8 | 9 | 10 |
|---|---|---|---|---|---|---|---|---|---|---|
| $X$ | 1 | 1 | 3 | 2 | 5 | 3 | 7 | 4 | 9 | 5 |

그리고 확률분포 표는

| $X$ | 1 | 2 | 3 | 4 | 5 | 7 | 9 | 합계 |
|---|---|---|---|---|---|---|---|---|
| $p$ | $\frac{2}{10}$ | $\frac{1}{10}$ | $\frac{2}{10}$ | $\frac{1}{10}$ | $\frac{2}{10}$ | $\frac{1}{10}$ | $\frac{1}{10}$ | 1 |

이다. 따라서 평균과 분산은

$$E(X) = 1\times\frac{2}{10}+2\times\frac{1}{10}+3\times\frac{2}{10}+4\times\frac{1}{10}+5\times\frac{2}{10}+7\times\frac{1}{10}+9\times\frac{1}{10}=4$$
$$V(X) = 3^2\times\frac{2}{10}+2^2\times\frac{1}{10}+1^2\times\frac{2}{10}+0^2\times\frac{1}{10}+1^2\times\frac{2}{10}+3^2\times\frac{1}{10}+5^2\times\frac{1}{10}=6$$

이다. ■

**[Ex 083]** 확률분포표

0, 1, 2 중의 하나의 값을 취하는 확률변수 $X$의 평균과 분산이 각각 1, 0.5일 때 $X$의 확률분포 표를 구하라.

**Solution)**

$p_i = P\{X=i\}$ 라고 하면

$$p_0+p_1+p_2=1 \quad \cdots\cdots \quad ①$$
$$E(X)=0\times p_0+1\times p_1+2\times p_2=p_1+2p_2=1 \quad \cdots\cdots \quad ②$$
$$V(X)=(-1)^2\times p_0+0^2\times p_1+1^2\times p_2=p_0+p_2=0.5 \quad \cdots\cdots \quad ③$$

이고 ①-③으로부터 $p_1=\frac{1}{2}$이고, ②에 대입하면 $p_2=\frac{1}{4}$이고 ①에 대입하면 $p_0=\frac{1}{4}$ 이다.

따라서 확률분포 표는 다음과 같다.

| $X$ | 0 | 1 | 2 | 합계 |
|---|---|---|---|---|
| $p$ | $\frac{1}{4}$ | $\frac{1}{2}$ | $\frac{1}{4}$ | 1 |

**[참고]** 분산은 다음과 같이 계산하는 것이 편리하다.

$$V(X) = \sum_{i=1}^{n} x_i^2 p_i - \overline{x}^2 = E(X^2) - \{E(X)\}^2$$

■

**[Ex 084]** 확률변수-분산

주머니 속에 4개의 하얀 공과 6개의 빨간 공이 들어 있다. 지금 주머니에서 4개의 공을 꺼냈을 때, 뽑혀진 빨강 공의 개수를 $X$로 한다. 이때 확률 변수 $X$의 기대치와 분산을 구하라.

**Solution)**

주머니 속에서 구슬 4개를 꺼내는 전체 경우의 수는 ${}_{10}C_4 = 210$이다.
확률변수 $X$가 가질 수 있는 값은 0, 1, 2, 3, 4 이므로 각각의 경우의 수는

$$\begin{cases} X=0 \rightarrow & {}_4C_4 = 1 \\ X=1 \rightarrow & {}_4C_3 \times {}_6C_1 = 4\times 6 = 24 \\ X=2 \rightarrow & {}_4C_2 \times {}_6C_2 = 6\times 15 = 90 \\ X=3 \rightarrow & {}_4C_1 \times {}_6C_3 = 4\times 20 = 80 \\ X=4 \rightarrow & {}_6C_4 = 15 \end{cases}$$

이므로 확률분포 표와 기댓값, 분산은 아래와 같다.

| $X$ | 0 | 1 | 2 | 3 | 4 | 합계 |
|---|---|---|---|---|---|---|
| $p$ | $\frac{1}{210}$ | $\frac{24}{210}$ | $\frac{90}{210}$ | $\frac{80}{210}$ | $\frac{15}{210}$ | 1 |

$$E(X) = \frac{1}{210}(0\times1+1\times24+2\times90+3\times80+4\times15) = \frac{504}{210} = 2.4$$

$$V(X) = \frac{1}{210}(0^2\times1+1^2\times24+2^2\times90+3^2\times80+4^2\times15)-(2.4)^2 = 0.64$$ ■

**[Ex 085]** 확률변수-분산

눈의 숫자가 1부터 6까지 새겨진 불공평한 주사위가 있다. 이 주사위는 각각의 눈이 나올 확률이 동일하지 않아서 $k$ 개의 눈을 가진 면이 나올 확률이 $p_k = kc$라고 한다. $(1 \le k \le 6)$

(1) $c$을 구하라.

(2) 이 주사위를 한번 던질 때 나올 눈의 수에 대한 기댓값과 분산을 구하라.

(3) 두 번 던져서 눈의 합이 8이 될 확률을 구하라.

**Solution)**

(1) $\sum_{i=1}^{6} p_i = 1$이 되어야 하므로 $c+2c+3c+4c+5c+6c=21c=1$이므로 $c=\frac{1}{21}$이다.

(2) 기댓값 $= \sum_{i=1}^{6} i p_i = c\sum_{i=1}^{6} i^2 = c\frac{6\times7\times13}{6} = 7\times13c = \frac{7\times13}{21} = \frac{13}{3}$

분산

$$= \sum_{i=1}^{6} i^2 p_i - \left(\frac{3}{13}\right)^2 = c\sum_{i=1}^{6} i^3 - \left(\frac{3}{13}\right)^2 = c\left(\frac{6\times7}{2}\right)^2 - \left(\frac{3}{13}\right)^2 = 21 - \frac{169}{9} = \frac{20}{9}$$

(3) 주사위 두 번을  던져서 눈의 합이 8이 나오는 경우는

$$(2,\ 6),\ (3,\ 5),\ (4,\ 4),\ (5,\ 3),\ (6,\ 2)$$

로 5가지의 경우수가 있다. 따라서 확률은

$$p = \frac{2}{21}\times\frac{6}{21}+\frac{3}{21}\times\frac{5}{21}+\frac{4}{21}\times\frac{4}{21}+\frac{5}{21}\times\frac{3}{21}+\frac{6}{21}\times\frac{2}{21} = \frac{10}{63}$$

이다. ■

**[Ex 086]** 확률변수의 치환

확률변수 $X$가 점 15, 20, 25, 30, 35, 40, 45에서 각각 $\frac{1}{10}, \frac{1}{10}, \frac{1}{5}, \frac{1}{5}, \frac{1}{5}, \frac{1}{10}, \frac{1}{10}$인 확률을 가질 때 확률변수 $Y=\frac{1}{5}(X-30)$에 대해서

(1) $E(Y)$, $V(Y)$을 구하라.

(2) $E(X)$, $V(X)$을 구하라.

**Solution)**

(1) 확률변수 $Y=\frac{1}{5}(X-30)$의 확률분포 표와 평균 분산은 다음과 같다.

| $Y$ | -3 | -2 | -1 | 0 | 1 | 2 | 3 | 합계 |
|---|---|---|---|---|---|---|---|---|
| $p$ | $\frac{1}{10}$ | $\frac{1}{10}$ | $\frac{1}{5}$ | $\frac{1}{5}$ | $\frac{1}{5}$ | $\frac{1}{10}$ | $\frac{1}{10}$ | 1 |

$$E(Y)=\frac{-3}{10}+\frac{-2}{10}+\frac{-1}{5}+\frac{0}{5}+\frac{1}{10}+\frac{2}{10}+\frac{3}{10}=0$$
$$V(X)=E(Y^2)-\{E(Y)\}^2=\left(\frac{9}{10}+\frac{4}{10}+\frac{1}{5}+\frac{0}{5}+\frac{1}{5}+\frac{4}{10}+\frac{9}{10}\right)-0^2=3$$

(2) $X=5Y+30$이므로

$$E(X)=5E(Y)+30=30,\quad V(X)=5^2\,V(Y)=75$$

이다. ■

**[Ex 087]** 확률변수의 치환

주사위를 던지는 게임을 한다. 주사위를 1회 던지기 위해서는 100원을 지불해야하고 주사위를 던져서 나온 눈의 수가 $x$ 개 일 때 상금은 $(mx+n)$ 이라고 한다. 단 $m$, $n$ 은 자연수이다.

1회 주사위를 던져서 남는 이익금에 대한 기댓값을 $A$라고 할 때

(1) $A$을 $m$과 $n$의 식으로 구하라.

(2) $A=0$일 때 남는 이익금에 대한 분산이 최소가 되는 $m$과 $n$을 구하라.

**Solution)**

(1) 주사위를 한번 던질 때 이익금에 대한 확률변수를 $Y$라 하면 $Y=mX+n$

$-100$ 이다.

$$E(X)=1\times\frac{1}{6}+2\times\frac{1}{6}+3\times\frac{1}{6}+4\times\frac{1}{6}+5\times\frac{1}{6}+6\times\frac{1}{6}=\frac{7}{2}$$
$$A=E(Y)=E(mX+n-100)=mE(X)+n-100=\frac{7}{2}m+n-100$$

(2) $A=0$ 이므로 $\frac{7}{2}m+n-100=0$ 이고 $n=100-\frac{7}{2}m$ 이다. 그리고 $n$ 이 자연수이므로 $m=2,\ 4,\ 6,\ 8,\ \cdots,\ 28$ 값을 가질 수 있고

$$Y=mX-\frac{7}{2}m$$

이다. 따라서

$$\begin{aligned}V(X)&=E(X^2)-\{E(X)\}^2\\&=1^2\times\frac{1}{6}+2^2\times\frac{1}{6}+3^2\times\frac{1}{6}+4^2\times\frac{1}{6}+5^2\times\frac{1}{6}+6^2\times\frac{1}{6}-\left(\frac{7}{2}\right)^2\\&=\frac{35}{12}\end{aligned}$$

이므로 확률변수 $Y$의 분산이

$$V(Y)=m^2V(X)=\frac{35}{12}m^2$$

이므로, $m=2,\ n=93$ 일 때 분산이 가장 작다. ■

**[Ex 088]** 확률변수의 치환

하나의 주사위를 세 번 던질 때 순서대로 나온 눈의 수를 $X_1,\ X_2,\ X_3$ 이라고 할 때 $X=\frac{X_1+X_2+X_3}{3}$ 의

(1) 기댓값과 분산을 구하라.

(2) 기댓값 $E[(X_1-X)^2+(X_2-X)^2+(X_3-X)^2]$ 을 구하라.

**Solution)**

(1) $E(X_i)=\frac{1}{6}(1+2+3+4+5+6)=\frac{7}{2}$

$$E(X_i^2) = \frac{1}{6}(1^2+2^2+3^2+4^2+5^2+6^2) = \frac{91}{6}$$
$$V(X_i) = E(X_i^2) - \{E(X)\}^2 = \frac{91}{6} - \left(\frac{7}{2}\right)^2 = \frac{35}{12}, \quad i = 1, 2, 3.$$

이므로

$$E(X) = E\left(\frac{1}{3}X_1 + \frac{1}{3}X_2 + \frac{1}{3}X_3\right) = \frac{1}{3}E(X_1) + \frac{1}{3}E(X_2) + \frac{1}{3}E(X_3) = \frac{7}{2}$$

이고 $X_1$, $X_2$, $X_3$ 은 상호 독립이므로

$$\begin{aligned} V(X) &= V\left(\frac{1}{3}X_1 + \frac{1}{3}X_2 + \frac{1}{3}X_3\right). \\ &= \frac{1}{9}V(X_1) + \frac{1}{9}V(X_2) + \frac{1}{9}V(X_3) \\ &= \frac{1}{3}V(X_1) = \frac{35}{36} \end{aligned}$$

(2) $$\begin{aligned} (X_1-X)^2+(X_2-X)^2+(X_3-X)^2 &= X_1^2+X_2^2+X_3^2-2(X_1+X_2+X_3)X+3X^2 \\ &= X_1^2+X_2^2+X_3^2-3X^2 \end{aligned}$$

이고

$$E(X_1^2) = E(X_2^2) = E(X_3^2) = \frac{91}{6},$$
$$E(X^2) = V(X) + \{E(X)\}^2 = \frac{35}{36} + \left(\frac{7}{2}\right)^2 = \frac{119}{9}$$

인 사실로부터

$$\begin{aligned} E[(X_1-X)^2+(X_2-X)^2+(X_3-X)^2] &= E(X_1^2)+E(X_2^2)+E(X_3^2)-3E(X^2) \\ &= \frac{91}{6}\times 3 - 3\times\frac{119}{9} = \frac{35}{6} \end{aligned}$$

이다. ■

**[Ex 089]** 확률변수 -평균, 분산

4개의 숫자 1, 2, 3, 4 에 대한 순열의 모든 경우의 수에 대한 전체의 집합을 $M$이라

고 한다. 그리고 $M$ 으로부터 임의로 한 개의 원소를 뽑는 시행을 $T$라고 한다. 이 시행 $T$를 1회 할 때 뽑혀진 순열을 $a_1 a_2 a_3 a_4$라 할 때 확률변수 $X$의 값은 $a_i = i$가 되는 가장 큰 $i$이다. 만약 이런 $i$가 없으면 $X$의 값은 0 이다.

(1) 확률변수 $X$의 확률분포 표를 구하라.

(2) $E(X)$, $V(X)$을 구하라.

**Solution)**

(1) 순열의 경우의 수는 ${}_4P_4 = 4! = 24$이다.

$X=4$ 인 경우의 수는 $a_4 = 4$이고 $a_1 a_2 a_3$는 모든 값을 가질 수 있으므로 ${}_3P_3 = 3 \neq 6$이다.

$X=3$ 인 경우의 수는 $a_4 \neq 4$ 이고 $a_3 = 3$이므로 1432, 2431, 4132, 4231이다.

$X=2$ 인 경우의 수는 $a_4 \neq 4$ , $a_3 \neq 3$이고 $a_2 = 2$이므로 1243, 3241, 4213이다.

$X=1$ 인 경우의 수는 $a_4 \neq 4$ , $a_3 \neq 3$, $a_2 \neq 2$이고 $a_1 = 1$이므로 1432, 1423 두 가지이다.

$X=0$ 인 경우의 수는 $24-(6+4+3+2)=9$ 이므로 확률분포 표는

| $X$ | 0 | 1 | 2 | 3 | 4 | 합계 |
|---|---|---|---|---|---|---|
| $p$ | $\frac{9}{24}$ | $\frac{2}{24}$ | $\frac{3}{24}$ | $\frac{4}{24}$ | $\frac{6}{24}$ | 1 |

(2) $E(X) = 0 \times \frac{9}{24} + 1 \times \frac{2}{24} + 2 \times \frac{3}{24} + 3 \times \frac{4}{24} + 4 \times \frac{6}{24} = \frac{44}{24} = \frac{11}{6}$

$V(X) = E(X^2) - \{E(X)\}^2$

$= 1^2 \times \frac{9}{24} + 1^2 \times \frac{2}{24} + 2^2 \times \frac{3}{24} + 3^2 \times \frac{4}{24} + 4^2 \times \frac{6}{24} - \left(\frac{11}{6}\right)^2 = \frac{49}{18}$. ■

## 13. 확률변수 치환, 평균, 분산, 극한, 미분 문제

**[Ex 090]** 분산

눈의 수가 각각 1, 2, 3, 4 인 사면체 주사위가 있다. 주사위의 눈이 $i$ 개인 면이 나올 확률이 $p_i$ 이고 ($i=1, 2, 3, 4$), 주사위를 한번 던졌을 때 기댓값이 $e$ 이고 분산이 $v$라고 한다. $e=3$일 때 분산 $v$가 최대가 되는 $p_i$ ($i=1, 2, 3, 4$)를 구하라.

**Solution)**

주사위의 눈이 $i$개인 면이 나올 확률이 $p_i$이고, $1 \ge p_i \ge 0$ ($i=1, 2, 3, 4$)이므로

$$p_1+p_2+p_3+p_4=1 \quad \cdots\cdots \ ①$$

$$e=p_1+2\times p_2+3\times p_3+4p_4=3 \quad \cdots\cdots \ ②$$

①×4 - ②로부터 $3p_1+2p_2+p_3=1 \qquad \therefore p_3=1-3p_1-2p_2 \quad \cdots\cdots$ ③

$0 \le p_3 \le 1$ 이므로 $0 \le 3p_1+2p_2 \le 1 \quad \cdots\cdots$ ④

①×3 - ②로부터 $2p_1+p_2-p_4=0 \qquad \therefore p_4=2p_1+p_2 \quad \cdots\cdots$ ⑤

$0 \le p_4 \le 1$ 이므로 $0 \le 2p_1+p_2 \le 1 \quad \cdots\cdots$ ⑥

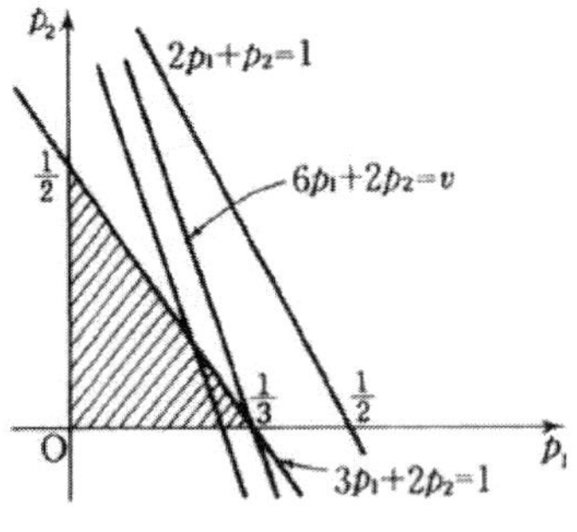


분산의 정의와 식 ⑤로부터

$$v=(1-3)^2p_1+(2-3)^2p_2+(3-3)^2p_3+(4-3)^2p_4$$

$$=4p_1+p_2+p_4=6p_1+2p_2$$

이다. 식 ④와 ⑥으로부터 $p_1\ge 0,\ p_2\ge 0$이므로 $6p_1+2p_2$의 최대값은 $p_1=\frac{1}{3},\ p_2=0$ 일 때이고 식 ③와 ⑤로부터 $p_3=0,\ p_4=\frac{2}{3}$이다. 따라서

$$p_1=\frac{1}{3},\ p_2=0\ ,\ p_3=0,\ p_4=\frac{2}{3}$$

일 때 분산이 가장 크다. ■

**[Ex 091]** 확률변수와 극한

확률변수 $X$가 1, 2, 3, ⋯, $n$에서 확률값을 갖고 $k=1,\ 2,\ 3,\ \cdots,\ n-1$에서 각각의 확률이 $\frac{1}{2^k}$이라고 한다. $n\ge 4$인 자연수 일 때

(1) $p_n=P\{X=n\}$을 구하고 $p_n<\frac{2}{(n-1)(n-2)}$ 임을 보여라.

(2) $X$의 평균을 $a_n$이라 할 때 $\lim_{n\to\infty}a_n$을 구하라.

(3) $X$의 분산을 $b_n$이라 할 때 $\lim_{n\to\infty}b_n$을 구하라.

**Solution)** $P(X=k)=p_k$ 라 하자.

(1) $\sum_{k=1}^{n}p_k=1$이고 $\sum_{k=1}^{n-1}\frac{1}{2^k}+p_n=1$이므로

$$p_n=1-\frac{\frac{1}{2}\left\{1-\left(\frac{1}{2}\right)^{n-1}\right\}}{1-\frac{1}{2}}=\left(\frac{1}{2}\right)^{n-1}$$

이고, 이항정리로부터

$$2^{n-1}=(1+1)^{n-1}={}_{n-1}C_0+{}_{n-1}C_1+{}_{n-1}C_2+\cdots\cdots$$

$$>{}_{n-1}C_2=\frac{(n-1)(n-2)}{2}$$

이므로 $p_n=\dfrac{1}{2^{n-1}}<\dfrac{2}{(n-1)(n-2)}$ 임을 알 수 있다.

(2)
$$a_n=\frac{1}{2}+\frac{2}{2^2}+\frac{3}{2^3}+\cdots\cdots+\frac{n-2}{2^{n-2}}+\frac{n-1}{2^{n-1}}+\frac{n}{2^{n-1}}$$

$$-)\ \frac{1}{2}a_n=\qquad\frac{1}{2^2}+\frac{2}{2^3}+\frac{3}{2^4}+\cdots\cdots+\frac{n-2}{2^{n-1}}+\frac{n-1}{2^n}+\frac{n}{2^n}$$

$$a_n-\frac{1}{2}a_n=\frac{1}{2}+\frac{1}{2^2}+\frac{1}{2^3}+\frac{1}{2^4}+\cdots\cdots+\frac{1}{2^{n-1}}+\frac{1}{2^n}$$

$$=1-\frac{1}{2^n}$$

이므로 $a_n=2-\dfrac{1}{2^{n-1}}$ 이고 $\lim\limits_{n\to\infty}a_n=2$이다.

(3) $E(X^2)=c_n$이라 하면

$$c_n=\frac{1^2}{2}+\frac{2^2}{2^2}+\frac{3^2}{2^3}+\cdots\cdots+\frac{(n-2)^2}{2^{n-2}}+\frac{(n-1)^2}{2^{n-1}}+\frac{n^2}{2^{n-1}}$$

$$-)\ \frac{1}{2}c_n=\qquad\frac{1^2}{2^2}+\frac{2^2}{2^3}+\frac{3^2}{2^4}+\cdots\cdots+\frac{(n-2)^2}{2^{n-1}}+\frac{(n-1)^2}{2^n}+\frac{n^2}{2^n}$$

$$c_n-\frac{1}{2}c_n=\frac{1}{2}+\frac{3}{2^2}+\frac{5}{2^3}+\frac{7}{2^4}+\cdots\cdots\cdots\cdots+\frac{2n-3}{2^{n-1}}+\frac{2n-1}{2^n}$$

$$c_n=2\sum_{i=1}^{n}\frac{2i-1}{2^i}=4\sum_{i=1}^{n}\frac{i}{2^i}-2\sum_{i=1}^{n}\frac{1}{2^i}$$

$$=4\left(a_n-\frac{n}{2^n}\right)-2\left(1-\frac{1}{2^n}\right)=4\left(2-\frac{1}{2^{n-1}}-\frac{n}{2^n}\right)-2\left(1-\frac{1}{2^n}\right)$$

$$= 6 - \frac{3}{2^{n-1}} - \frac{n}{2^{n-2}}$$

이다. 따라서 분산 $b_n$을 구하면

$$b_n = E(X^2) - \{E(X)\}^2 = c_n - a_n^2 = \left(6 - \frac{3}{2^{n-1}} - \frac{n}{2^{n-2}}\right) - \left(2 - \frac{1}{2^{n-1}}\right)^2$$
$$= 2 + \frac{1}{2^{n-1}} - \frac{n}{2^{n-2}} - \frac{1}{2^{2n-2}}$$

이고 (1)의 결과 $\frac{n-1}{2^{n-1}} < \frac{2}{n-2}$ 로부터 $\frac{n}{2^n} < \frac{2}{n-1}$ 을 이용하면

$$0 < \frac{n}{2^{n-2}} = 4\frac{n}{2^n} < \frac{8}{n-1}$$

인 사실로부터 $\lim_{n\to\infty} \frac{n}{2^{n-2}} = 0$ 이고 역시 $\lim_{n\to\infty} \frac{1}{2^{n-1}} = 0$, $\lim_{n\to\infty} \frac{1}{2^{2n-2}} = 0$이므로 $\lim_{n\to\infty} b_n = 2$이다. ■

**[Ex 092]** 확률변수와 극한

$n$개의 제품 중에 2개의 불량품이 포함되어 있다. 무작위로 한 개씩 뽑는 경우에 (단 뽑은 것을 다시 포함시키지 않는다.) 확률변수 $X$을 2번째 불량품이 뽑힐 때까지 뽑은 횟수라 할 때

(1) 임의의 자연수 $k\,(k \geq 2)$ 에 대해서 $P(X=k)$을 구하라.

(2) $E(X)$을 $n$의 식으로 나타내어라.

(3) $V(X)$을 $n$의 식으로 나타내고 $\lim_{n\to\infty} \left\{\frac{18}{n^2} V(X)\right\}^n$ 을 구하라.

**Solution)**

(1) $i$ 번째($i = 1, 2, \cdots, k-1$ ) 불량품을 한 개 뽑고 두 번째 불량품을 $k$ 번째 뽑을 확률은

$$\frac{n-2}{n} \times \frac{n-3}{n-1} \times \cdots \times \frac{2}{n-i+1} \times \cdots \times \frac{n-k+1}{n-k+2} \times \frac{1}{n-k+1} = \frac{2}{n(n-1)}$$

이고 이 경우의 수가 $k-1$ 이므로 구하는 확률은 다음과 같다.

$$P(X=k)=\frac{2(k-1)}{n(n-1)} \quad (k \geq 2)$$

(2) $E(X)=\sum_{k=2}^{n} k\frac{2(k-1)}{n(n-1)}=\frac{2}{n(n-1)}\sum_{k=2}^{n}(k^2-k)$이고

$$\begin{aligned}\sum_{k=2}^{n}(k^2-k) &= \sum_{k=1}^{n}(k^2-k) \\ &= \frac{1}{6}n(n+1)(2n+1)-\frac{1}{2}n(n+1) \\ &= \frac{1}{3}(n-1)n(n+1)\end{aligned}$$

이므로 $E(X)=\frac{2}{n(n-1)}\frac{1}{3}(n-1)n(n+1)=\frac{2}{3}(n+1)$이다.

(3) $E(X^2)=\sum_{k=2}^{n} k^2\frac{2(k-1)}{n(n-1)}=\frac{2}{n(n-1)}\sum_{k=2}^{n}(k^3-k^2)=\frac{2}{n(n-1)}\sum_{k=1}^{n}(k^3-k^2)$

$$=\frac{2}{n(n-1)}\left\{\frac{1}{4}n^2(n+1)^2-\frac{1}{6}n(n+1)(2n+1)\right\}$$

$$=\frac{1}{6}(n+1)(3n+2)$$

로부터

$$\begin{aligned}V(X)=E(X^2)-\{E(X)\}^2 &= \frac{1}{6}(n+1)(3n+2)-\frac{4}{9}(n+1)^2 \\ &= \frac{1}{18}(n+1)(n-2)\end{aligned}$$

이다. 그리고

$$\frac{18}{n^2}V(X)=\frac{(n+1)(n-2)}{n^2}=\left(1+\frac{1}{n}\right)\left(1-\frac{2}{n}\right)$$

이고

$$\lim_{n\to\infty}\left(1+\frac{1}{n}\right)^n=e,\quad \lim_{n\to\infty}\left(1-\frac{2}{n}\right)^n=\lim_{n\to\infty}\left\{\left(1-\frac{2}{n}\right)^{-\frac{n}{2}}\right\}^2=e^{-2}$$

인 사실로부터

$$\lim_{n\to\infty}\left\{\frac{18}{n^2}V(X)\right\}^n=\lim_{n\to\infty}\left(1+\frac{1}{n}\right)^n\left(1-\frac{2}{n}\right)^n=e\,e^{-2}=e^{-1}.$$

■

**[Ex 093]** 확률변수와 미분

확률변수 $X$의 확률밀도함수가 $P(X=i)=p_i\ (i=1,2,\cdots,n)$이고

$$f(x)=\sum_{i=1}^{n}p_i x^i=p_1x+p_2x^2+p_3x^3+\cdots\cdots+p_nx^n$$

일 때 $V(X)=f''(1)+f'(1)-\{f'(1)^2\}$ 임을 보여라

**Solution)**

$$f'(x)=p_1+2p_2x+3p_3x^2+\cdots\cdots+np_nx^{n-1}$$

$$f'(1)=p_1+2p_2+3p_3+\cdots\cdots+np_n=E(X)$$

$$f''(x)=2p_2+(3\times2\times p_3x)+\cdots\cdots+n(n-1)p_nx^{n-2}$$

$$f''(1)=2p_2+(3\times2\times p_3)+\cdots\cdots+n(n-1)p_n$$

$$=\sum_{i=1}^{n}i(i-1)p_i=\sum_{i=1}^{n}i^2p_i-\sum_{i=1}^{n}ip_i=E(X^2)-E(X)$$

이므로 $E(X^2)=f''(1)+E(X)=f''(1)+f'(1)$ 로부터

$$V(X)=E(X^2)-\{E(X)\}^2=f''(1)+f'(1)-\{f'(1)\}^2$$

이다. ■

**[Ex 094]** 확률변수

2개의 정육면체 주사위가 있다. 그 중의 한 개에 2면에 0, 3면에 1, 1면에 2가 새겨져 있고 또 다른 한 개에는 1면에 0, 2면에 1, 3면에 2가 기입되어 있다. 이 두 개의 정육면체 주사위를 동시에 한번 던져서 나온 눈 수의 합을 $X$라 할 때

(1) $X=3$일 확률을 구하라.

(2) $X$ 의 평균과 분산을 구하라.

**Solution)**

두 개의 정육면체 주사위를 던져서 나온 숫자를 각각 $X_1$, $X_2$라 하면 확률분포 표는

| $X_1$ | 0 | 1 | 2 | 합계 |
|---|---|---|---|---|
| $p$ | $\frac{2}{6}$ | $\frac{3}{6}$ | $\frac{1}{6}$ | 1 |

| $X_1$ | 0 | 1 | 2 | 합계 |
|---|---|---|---|---|
| $p$ | $\frac{1}{6}$ | $\frac{2}{6}$ | $\frac{3}{6}$ | 1 |

이다.

(1) $P(X=3)=P(X_1=1,\ X_2=2)+P(X_1=2,\ X_2=1)=\frac{3}{6}\times\frac{3}{6}+\frac{1}{6}\times\frac{2}{6}=\frac{11}{36}$

(2) $E(X_1)=0\times\frac{2}{6}+1\times\frac{3}{6}+2\times\frac{1}{6}=\frac{5}{6}$, $E(X_2)=0\times\frac{1}{6}+1\times\frac{2}{6}+2\times\frac{3}{6}=\frac{8}{6}$

$$V(X_1)=0^2\times\frac{2}{6}+1^2\times\frac{3}{6}+2^2\times\frac{1}{6}-\left(\frac{5}{6}\right)^2=\frac{17}{36}$$

$$V(X_2)=0^2\times\frac{1}{6}+1^2\times\frac{2}{6}+2^2\times\frac{3}{6}-\left(\frac{8}{6}\right)^2=\frac{20}{36}$$

이고 $X=X_1+X_2$ 이므로

평균: $E(X)=E(X_1)+E(X_2)=\frac{5}{6}+\frac{8}{6}=\frac{13}{6}$

이고 $X_1$ 와 $X_2$ 는 독립이므로

분산: $V(X)=V(X_1)+V(X_2)=\frac{17}{36}+\frac{20}{36}=\frac{37}{36}$ ■

**[Ex 095]** 확률변수의 치환

확률 변수 $X$의 평균이 540, 분산은 8100이다. $Y=aX+b$ $(a(>0)$, $b$ 는 상수)로 만들어진 확률 변수 $Y$ 의 평균이 50, 표준 편차가 10이 되도록 $a$, $b$ 값을 구하라.

**Solution)**

$E(Y)=E(aX+b)=aE(X)+b$ 로부터 $50=540a+b$ …… ①

$V(Y)= V(aX+b)=a^2 V(X)$, $\sigma_Y = |a|\sqrt{V(X)}$ 로부터 $10=90|a|$ 이고 $a>0$이므로 $a=\frac{1}{9}$ 이고 ①에 대입하면 $b=-10$ 이다. ■

**[Ex 096]** 평균과 분산

1에서 4까지 번호가 적힌 4장의 카드와 4개의 상자가 있다. 카드를 잘 저어 4개의 상자에 카드를 1장씩 넣는다. 카드의 번호와 상자의 번호가 일치하는 상자의 개수를 $X$라 할 때

(1) 확률분포 표를 구하라.

(2) $X$의 기댓값과 분산을 구하라.

**Solution)**

(1) 4장의 카드가 4개의 상자에 한 장씩 넣을 수 있는 경우의 수는 ${}_4P_4=4!=24$ 이다. 각 상자에 들어간 번호의 순서를 $(a,\ b,\ c,\ d)$ 라고 하면

$X=4$ 인 경우는 $(1,\ 2,\ 3,\ 4)$인 경우로 경우의 수는 1이다.

$X=3$ 인 경우는 존재하지 않는다.

$X=2$ 인 경우는 $(1,\ 2,\ 3,\ 4)$ 배열 중에 2개가 일치하므로 경우의 수는 ${}_4C_2=6$ 이다.

$X=1$ 인 경우는 첫 자리가 일치한다면 나머지 세자리가 다른 경우는 2이므로 $2\times4=8$ 이다.

$X=0$ 인 경우는 $24-(1+6+8)=9$ 인 경우의 수를 가진다.

따라서 확률분포 표는 다음과 같다.

| $X$ | 0 | 1 | 2 | 3 | 4 |
|---|---|---|---|---|---|
| $p$ | $\frac{9}{24}$ | $\frac{8}{24}$ | $\frac{6}{24}$ | 0 | $\frac{1}{24}$ |

(2) $E(X)=\frac{1}{24}(0\times9+1\times8+2\times6+3\times0+4\times1)=\frac{24}{24}=1$

$V(X)=\frac{1}{24}(0^2\times9+1^2\times8+2^2\times6+3^2\times0+4^2\times1)-1^2=1$ ■

## 14. 이항확률변수 문제

**[Ex 097]** 이항확률변수

갑과 을 두 사람이 주사위를 던지는 게임을 한다. 두 사람이 던진 주사위의 눈이 같으면 갑이 이기고 다르면 을이 이기는 것으로 한다. 90회 던져서 갑이 이긴 횟수를 $X$라 할 때 확률변수 $X$의 평균 $E(X)$, 분산 $V(X)$, 표준편차 $\sigma(X)$을 구하라.

**Solution)**

갑과 을이 한번 씩 던져서 눈의 수가 같을 확률은 $\frac{1}{6}$이므로 확률변수 $X$는 이항분포로 $X \sim b(90, \frac{1}{6})$이다. 따라서

$$E(X) = 90 \times \frac{1}{6} = 15, \quad V(X) = 90 \times \frac{1}{6} \times \frac{5}{6} = \frac{25}{2}, \quad \sigma(X) = \sqrt{V(X)} = \frac{5\sqrt{2}}{2}$$

이다. ■

**[Ex 098]** 이항확률변수

평균이 6이고 분산이 2인 이항확률변수 $X$에 대해 $P_k = P(X=k)$라 할 때 $\frac{P_4}{P_3}$을 구하라.

**Solution)**

$X \sim b(6, 2)$이므로 $np = 6$, $npq = 2$ (단, $q = 1-p$)이므로

$$q = \frac{2}{6} = \frac{1}{3}, \quad p = 1 - q = \frac{2}{3}, \quad n = \frac{6}{p} = 9$$

이고,

$$P_3 = {}_9C_3 \left(\frac{2}{3}\right)^3 \left(\frac{1}{3}\right)^6 = {}_9C_3 \frac{2^3}{3^9}, \qquad P_4 = {}_9C_4 \left(\frac{2}{3}\right)^4 \left(\frac{1}{3}\right)^5 = {}_9C_4 \frac{2^4}{3^9}$$

이므로

$$\frac{P_4}{P_3} = 2 \frac{{}_9C_4}{{}_9C_3} = 2 \frac{9!}{4!\,5!} \frac{3!\,6!}{9!} = 2 \frac{6}{4} = 3$$

이다. ■

**[Ex 099]** 이항확률변수

확률변수 $X$가 이항분포로 $b(n,p)$을 따르고 분산이 $\frac{8}{9}$이다. $n-1$에서 $X$의 확률이 $n$에서의 확률보다 8배가 클 때

(1) $n$, $p$을 구하라.

(2) 평균을 $m$, 표준편차를 $\sigma$라 할 때 확률 $P(|X-m|>\sigma)$을 구하라.

(3) $X^2-3X+2$의 기댓값을 구하라.

**Solution)**

(1) 분산 $V(X)=npq=np(1-p)=\frac{8}{9}$ $\cdots\cdots$ ①

이고

$$P(X=n-1)=8P(X=n) \to {}_nC_{n-1}p^{n-1}q=8\,{}_nC_np^n$$
$$\to n(1-p)=8p \quad \cdots\cdots ②$$

$n>0$, $p>0$인 사실과 ①, ②로부터 $n=4$, $p=\frac{1}{3}$이다.

(2) $m=E(X)=np\frac{4}{3}$, $\sigma=\sqrt{V(X)}=\sqrt{\frac{8}{9}}=\frac{2\sqrt{2}}{3}$이므로

$|X-m|>\sigma \to |X-\frac{4}{3}|>\frac{2\sqrt{2}}{3}$을 만족하는 경우는 $X=4,\ 3,\ 0$으로

$$P(|X-m|>\sigma)={}_4C_4\left(\frac{1}{3}\right)^4+{}_4C_3\left(\frac{1}{3}\right)^3\left(\frac{2}{3}\right)+{}_4C_0\left(\frac{2}{3}\right)^4$$
$$=\frac{1}{81}+\frac{8}{81}+\frac{16}{81}=\frac{25}{81}.$$

(3) $V(X)=E(X^2)-m^2$이므로 $E(X^2)=V(X)+m^2$이다. 따라서

$$E(X^2-3X+2)=E(X^2)-3(X)+2$$
$$=V(X)+m^2-3m+2=\frac{8}{9}+\left(\frac{4}{3}\right)^2-3\times\frac{4}{3}+2=\frac{2}{3}.$$ ■

**[Ex 100]** 이항확률변수

사건 $A$가 일어날 확률이 $\dfrac{1}{2}$인 독립시행을 반복한다. 매번의 시행 결과에 따라 $xy$-평면에 있는 점 $P$가 이동한다. 점 $P$가 $(x, y)$일 때 사건 $A$가 일어나면 점 $P$는 $(-y, x)$로 이동한다. $n$회 시행 후 점 $P$의 위치에 대한 확률변수를 $(X,\ Y)$라 할 때

(1) $X$와 $Y$의 기댓값을 구하라.

(2) $X^2$와 $Y^2$의 기댓값을 구하라.

(3) 분산 $V(X)$와 $V(Y)$ 그리고 $V(X)+V(Y)$을 구하라.

**Solution)**

(1) $n$회 시행에서 사건 $A$가 $r$번 일어났을 확률 $p_r$은

$$p_r = {}_nC_r\left(\frac{1}{2}\right)^r\left(\frac{1}{2}\right)^{n-r} = {}_nC_r\left(\frac{1}{2}\right)^n$$

이고 이때 점 $P$의 위치 $(x_r, y_r)$은 $\begin{pmatrix} x_r \\ y_r \end{pmatrix} = \begin{pmatrix} 0 & -1 \\ 1 & 0 \end{pmatrix}^r \begin{pmatrix} 1 \\ 0 \end{pmatrix}$이므로

$$\begin{pmatrix} E(X) \\ E(Y) \end{pmatrix} = \sum_{r=0}^{n} p_r \begin{pmatrix} x_r \\ y_r \end{pmatrix} = \sum_{r=0}^{n} {}_nC_r\left(\frac{1}{2}\right)^n \begin{pmatrix} 0 & -1 \\ 1 & 0 \end{pmatrix}^r \begin{pmatrix} 1 \\ 0 \end{pmatrix}$$

$$= \left(\frac{1}{2}\right)^n \left\{ \sum_{r=0}^{n} {}_nC_r \begin{pmatrix} 0 & -1 \\ 1 & 0 \end{pmatrix}^r \right\} \begin{pmatrix} 1 \\ 0 \end{pmatrix}$$

이다. 그리고

$$\sum_{r=0}^{n} {}_nC_r \begin{pmatrix} 0 & -1 \\ 1 & 0 \end{pmatrix}^r = \sum_{r=0}^{n} {}_nC_r \begin{pmatrix} 0 & -1 \\ 1 & 0 \end{pmatrix}^r \begin{pmatrix} 1 & 0 \\ 0 & 1 \end{pmatrix}^{n-r}$$

$$= \left\{ \begin{pmatrix} 0 & -1 \\ 1 & 0 \end{pmatrix} + \begin{pmatrix} 1 & 0 \\ 0 & 1 \end{pmatrix} \right\}^n$$

$$= \begin{pmatrix} \sqrt{2}\,cos\dfrac{\pi}{4} & -\sqrt{2}\,sin\dfrac{\pi}{4} \\ \sqrt{2}\,sin\dfrac{\pi}{4} & \sqrt{2}\,cos\dfrac{\pi}{4} \end{pmatrix}$$

$$= (\sqrt{2})^n \begin{pmatrix} \cos\dfrac{n\pi}{4} & -\sin\dfrac{n\pi}{4} \\ \sin\dfrac{n\pi}{4} & \cos\dfrac{n\pi}{4} \end{pmatrix}$$

이므로

$$\begin{pmatrix} E(X) \\ E(Y) \end{pmatrix} = \left(\frac{\sqrt{2}}{2}\right)^n \begin{pmatrix} \cos\frac{n\pi}{4} & -\sin\frac{n\pi}{4} \\ \sin\frac{n\pi}{4} & \cos\frac{n\pi}{4} \end{pmatrix} \begin{pmatrix} 1 \\ 0 \end{pmatrix} = 2^{-\frac{n}{2}} \begin{pmatrix} \cos\frac{n\pi}{4} \\ \sin\frac{n\pi}{4} \end{pmatrix}$$

로부터 $E(X) = 2^{-\frac{n}{2}} \cos\frac{n\pi}{4}$, $E(Y) = 2^{-\frac{n}{2}} \sin\frac{n\pi}{4}$ 이다.

(2) $n$회 시행에서 사건 $A$가 홀수 번 일어났으면 $X^2 = 0$이고 짝수 번 일어났으면 $X^2 = 1$이다. 따라서 사건 $A$가 $r$번 일어났을 때 확률변수 $X^2 = \frac{1}{2}\{1 + (-1)^r\}$ 이므로

$$\begin{aligned} E(X^2) &= \sum_{r=0}^{n} p_r \frac{1}{2}\{1 + (-1)^r\} = \frac{1}{2}\left\{1 + \sum_{r=0}^{n} {}_nC_r \left(\frac{1}{2}\right)^n (-1)^r\right\} \\ &= \frac{1}{2} + \left(\frac{1}{2}\right)^{n+1} \sum_{r=0}^{n} {}_nC_r (-1)^r 1^{n-r} \\ &= \frac{1}{2} + \left(\frac{1}{2}\right)^{n+1} (-1+1)^n = \frac{1}{2} \end{aligned}$$

이고 $X^2 + Y^2 = 1$인 사실을 이용하여 $E(X^2 + Y^2) = E(X^2) + E(Y^2) = 1$이므로 $E(Y^2) = \frac{1}{2}$ 이다.

(3) $V(X) = E(X^2) - \{E(X)\}^2 = \frac{1}{2} - \left(2^{-\frac{n}{2}} \cos\frac{n\pi}{4}\right)^2 = \frac{1}{2} - 2^n \cos^2\frac{n\pi}{4}$

$V(Y) = E(Y^2) - \{E(Y)\}^2 = \frac{1}{2} - \left(2^{-\frac{n}{2}} \sin\frac{n\pi}{4}\right)^2 = \frac{1}{2} - 2^n \sin^2\frac{n\pi}{4}$

$V(X) + V(Y) = 1 - 2^{-n}$. ■

**[Ex 101]** 이항확률변수

확률변수 $X$가 이항분포로 $P(X=k) = {}_2C_k p^k (1-p)^{2-k} (k = 0,\ 1,\ 2)$을 만족한다. (단 $0 \le p \le 1$).

(1) $X$의 평균 $m$과 표준편차 $\sigma$을 구하라.

(2) $1 > m + \sqrt{6}\,\sigma$을 만족하는 $p$의 범위와 $2 > m + \sqrt{6}\,\sigma$을 만족하는 $p$의 범위를 구하라.

**Solution)**

(1) $m = E(X) = 0 \times {}_2C_0\, p^0 (1-p)^2 + 1 \times 2C_1\, p(1-p) + 2 \times {}_2C_2\, p^2 (1-p)^0$

$$= 2p(1-p) + 2p^2 = 2p$$

$V(X) = E(X^2) - \{E(X)\}^2$

$$= 0^2 \times {}_2C_0\, p^0 (1-p)^2 + 1^2 \times {}_2C_1\, p(1-p) + 2^2 \times {}_2C_2\, p^2 (1-p)^0 - (2p)^2$$

$$= 2p(1-p) + 4p^2 - 4p^2 = 2p(1-p). \qquad \therefore \sigma = \sqrt{V(X)} = \sqrt{2p(1-p)}$$

(2) $1 > m + \sqrt{6}\,\sigma$이면 $1 > 2p + \sqrt{12p(1-p)}$ 이므로

$$1 - 2p > \sqrt{12p(1-p)}$$

이고 양변에 제곱을 하면 $(1-2p)^2 > 12p(1-p)$ ······①, $1 - 2p > 0$······②이고 ①을 변형하면 $16p^2 - 16p + 1 > 0$ 으로부터

$$p < \frac{8 - \sqrt{8^2 - 16}}{16} = \frac{2 - \sqrt{3}}{4}, \quad p > \frac{8 + \sqrt{8^2 - 16}}{16} = \frac{2 + \sqrt{3}}{4}$$

이고, $0 \le p \le 1$와 식 ②로부터 $0 \le p < \dfrac{2 - \sqrt{3}}{4}$ 이다.

$2 > m + \sqrt{6}\,\sigma$ 인 경우는 $2 > 2p + \sqrt{12p(1-p)}$ 이므로

$$1 - p > \sqrt{3p(1-p)}$$

이고 양변에 제곱을 하면 $(1-p)^2 > 3p(1-p)$ ······ ③, $1 - p > 0$······ ④ 이고 식 ③을 변형하면 $(1-p)(1-4p) > 0$ 으로부터

$$p < \frac{1}{4}, \quad p > 1$$

이고 $0 \le p \le 1$ 와 식 ④로부터 $0 \le p < \dfrac{1}{4}$이다. 즉,

$$1 > m + \sqrt{6}\,\sigma$$ 을 만족하는 $p$의 범위는 $0 \le p < \frac{2-\sqrt{3}}{4}$

$$2 > m + \sqrt{6}\,\sigma$$ 을 만족하는 $p$의 범위는 $0 \le p < \frac{1}{4}$. ■

**[Ex 102]** 이항확률변수

어떤 비행기에 장착된 엔진이 비행 도중에 고장 날 확률이 서로 독립적으로 확률 $1-p$라고 한다. 만약 엔진의 50%가 정상이라면 비행에는 영향이 없다고 할 때 4개의 엔진을 장착한 비행기가 2개의 엔진을 장착한 비행기보다 안전할 $p$의 범위를 구하라.

**Solution)**

각 엔진이 서로 독립적으로 작용하므로 작동되는 엔진의 수를 생각하면 이항확률변수들이다. 4개의 엔진을 가진 비행기가 정상운행을 할 확률은

$$\binom{4}{2}p^2(1-p)^2 + \binom{4}{3}p^3(1-p) + \binom{4}{4}p^4(1-p)^0 = 6p^2(1-p)^2 + 4p^3(1-p) + p^4$$

이고, 2개의 엔진을 가진 비행기가 정상운행을 할 확률은

$$\binom{2}{1}p(1-p)^2 + \binom{2}{2}p^2 = 2p(1-p) + p^2$$

이다. 4개의 엔진을 가진 비행기가 2개의 엔진을 가진 비행기보다 안전하려면

$$6p^2(1-p)^2 + 4p^3(1-p) + p^4 \geqq 2p(1-p) + p^2$$

혹은

$$6p(1-p)^2 + 4p^2(1-p) + p^3 \geqq 2 - p$$

이고, 이 부등식을 변형하면

$$3p^3 - 8p^2 + 7p - 2 \geqq 0 \quad \text{혹은} \quad (p-1)^2(3p-2) \geqq 0$$

이므로

$$3p-2 \geq 0 \quad \text{혹은} \quad p \geq \frac{2}{3}$$

인 값을 얻을 수 있다. 즉 엔진의 고장 날 확률 $1-p$가 $\frac{1}{3}$보다 작으면 4개의 엔진을 가진 비행기가 안전하고 $\frac{1}{3}$보다 클 때는 2개의 엔진을 가진 비행기가 안전하다. 따라서 $1-p < \frac{1}{3}$ 이므로 $p > \frac{2}{3}$ 이다. ■

**[Ex 103]** 이항확률변수

500원 자리 동전 세 개를 동시에 던지는 시행을 320회 할 때 앞면이 두 개, 뒷면이 한 개 나온 횟수를 확률변수 $X$라 할 때 확률변수 $X$의 기댓값을 구하라.

**Solution)**

세 개의 동전 중에서 앞면이 두 개 나올 확률은 ${}_3C_2\left(\frac{1}{2}\right)^2\left(\frac{1}{2}\right)=\frac{3}{8}$ 이다. 그리고 320회 중에 앞면이 두 개, 뒷면이 한 개 나온 횟수를 확률변수 $X$라 하면 $X$는 이항분포 $b\left(320, \frac{3}{8}\right)$을 따른다. 그러므로 $X$의 기댓값은 $E(X)=320\times\frac{3}{8}=120$ (회) 이다. ■

**[Ex 104]** 이항 확률변수

주사위 한 개를 $n$번 던지는 실험에서 주사위의 눈이 1 또는 2가 나오는 횟수를 $X$, 3부터 6까지 나오는 횟수를 $Y$라 할 때 확률변수 $Z=2X+Y$에 대해서 $Z=n+1$ 일 확률과 $Z$의 분산을 구하라.

**Solution)**

주사위의 눈이 1 또는 2가 나올 확률이 $\frac{2}{6}$이므로 확률변수 $X$는 이항분포 $b\left(n, \frac{2}{6}\right)$을 따른다 그리고 $X+Y=n$인 사실로부터 $Y=n-X$이고 $Z=2X+Y=X+n$ 이므로

$$P(Z=n+1)=P(X=1)={}_nC_1\frac{2}{6}\left(\frac{4}{6}\right)^{n-1}=\frac{n}{3}\left(\frac{2}{3}\right)^{n-1}$$

이고, 분산은 $V(Z)=V(X+n)=V(X)=n\times\frac{1}{3}\times\frac{2}{3}=\frac{2}{9}n$ 이다. ■

**[Ex 105]** 이항 확률변수

주사위 한 개를 9번 던지는 실험에서 주사위의 눈이 1 또는 6이 나오는 횟수를 $X$라 할 때

(1) 확률 $P(|X-3|<3\sqrt{2})$을 구하라.

(2) $X$의 기댓값을 구하라.

(3) $X$의 표준편차를 구하라.

(4) 확률변수 $Y=aX+b$ ($a>0$, $b$: 상수)의 기댓값이 0, 분산이 1일 때 $a$, $b$을 구하라.

**Solution)**

(1) $|X-3|<3\sqrt{2}=4.24\cdots$이므로 $-1.24\cdots<X<7.24\cdots$을 만족한다. 따라서

$$\begin{aligned} P(|X-3|<3\sqrt{2}) &= 1-\{P(X=8)+P(X=9)\} \\ &= 1-\left\{{}_9C_8\left(\frac{1}{3}\right)^8\left(\frac{2}{3}\right)+{}_9C_9\left(\frac{1}{3}\right)^9\right\} \\ &= 1-\left(\frac{18}{3^9}+\frac{1}{3^9}\right)=\frac{19664}{19683}. \end{aligned}$$

(2) 확률변수 $X$는 이항분포 $b\left(9, \frac{1}{3}\right)$을 따르므로 $E(X)=9\times\frac{1}{3}=3$이다.

(3) $V(X)=9\times\frac{1}{3}\times\frac{2}{3}=2$이므로 표준편차는 $\sigma(X)=\sqrt{2}$이다.

(4) $E(Y)=E(aX+b)=aE(X)+b=0$

$V(Y)=V(aX+b)=a^2V(X)=2a^2=1$

이고, $a>0$으로부터 $a=\frac{\sqrt{2}}{2}$, $b=-\frac{3\sqrt{2}}{2}$이다. ■

**[Ex 106]** 이항 확률변수

평면좌표의 원점에 위치한 동전이 있다. 주사위를 던져서 1, 2, 3, 4가나오면 $x$축으로 1만큼 이동하고 5와 6이 나오면 $y$축 방향으로 1만큼 이동한다고 한다. 주사위를 $n$번 던졌을 때

(1) 확률변수 $X = x$ 일 때 $X$ 의 평균과 분산을 구하라.

(2) 확률변수 $Z = x - y$ 일 때 $Z$ 의 평균과 분산을 구하라.

**Solution)**

(1) 확률변수 $X$ 는 이항분포 $b\left(n, \dfrac{2}{3}\right)$ 을 따르므로 $E(X) = \dfrac{2n}{3}$, $V(X) = \dfrac{2n}{9}$ 이다.

(2) $x + y = n$ 이므로 $Z = x - y = 2x - n$ 이다. 따라서

$$E(Z) = E(2Z - n) = 2E(X) - n = \frac{4n}{3} - n = \frac{n}{3}$$

$$V(Z) = V(2X - n) = 2^2\, V(X) = \frac{8n}{9}.$$

■

**[Ex 107]** 이항확률변수

동전을 $n$ 번 던져서 앞면이 $k$ 번 나오면 상금으로 $2^k$ 원을 받는다고 한다. 확률변수 $X$ 을 상금으로 받은 금액이라 할 때 확률변수 $X$ 의 평균과 분산을 구하라.

**Solution)**

$$E(X) = \sum_{k=0}^{n} 2^k\, {}_nC_k \left(\frac{1}{2}\right)^k \left(\frac{1}{2}\right)^{n-k} = \left(\frac{1}{2}\right)^n \sum_{k=0}^{n} {}_nC_k\, 2^k = \left(\frac{1}{2}\right)^n (1+2)^n = \left(\frac{3}{2}\right)^n$$

$$E(X^2) = \sum_{k=0}^{n} \left(2^k\right)^2 {}_nC_k \left(\frac{1}{2}\right)^k \left(\frac{1}{2}\right)^{n-k} = \left(\frac{1}{2}\right)^n \sum_{k=0}^{n} {}_nC_k\, 4^k = \left(\frac{1}{2}\right)^n (1+4)^n = \left(\frac{5}{2}\right)^n$$

$$\therefore V(X) = E(X^2) - \{E(X)\}^2 = \left(\frac{5}{2}\right)^n - \left(\frac{9}{4}\right)^n$$

■

**[Ex 108]** 연속확률변수

확률변수 $X$ 의 확률밀도함수가 $f(x) = a\sin x\, dx\ (0 \le x \le \pi)$ 일 때 $a$ 와 $E(X)$ 을 구하라.

**Solution)**

$$1=\int_0^{\pi} f(x)\,dx=\int_0^{\pi} a\sin x\,dx=a[-\cos x]_0^{\pi}=2a \qquad \therefore a=\frac{1}{2}$$

$$E(X)=\int_0^{\pi} xf(x)\,dx=\frac{1}{2}\int_0^{\pi} x\sin x\,dx$$

$$=\int_0^{\pi} x(-\cos x)'\,dx=\frac{1}{2}\,[-x\cos x+\sin x]_0^{\pi}=\frac{\pi}{2}$$

## 15. 연속확률변수, 정규확률변수 문제

**[Ex 109]** 연속확률변수

확률변수 $X$의 확률밀도 곡선이 우측 그림과 같다.

(1) $a$을 구하라

(2) $0 \le X \le x\,(0 \le x \le 3)$일 확률을 $F(x)$라 할 때 $F(x)$을 구하라.

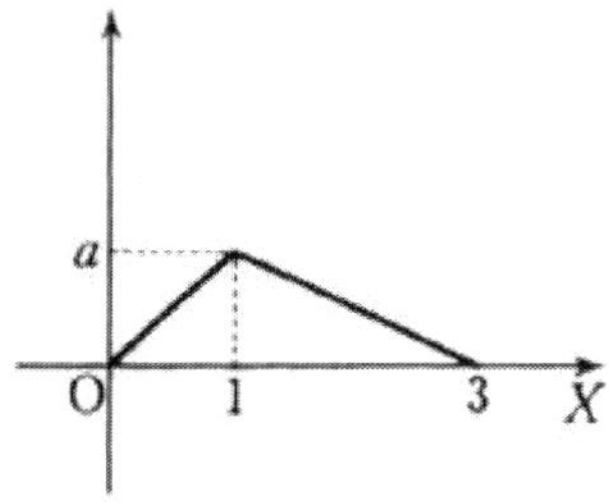


**Solution)**

(1) $\int_0^3 f(x)dx = 1$ 이 되어야 하므로

$$1 = \int_0^1 axdx + \int_1^3 \frac{a}{2}(-x+3)dx$$

$$= \left[\frac{a}{2}x^2\right]_0^1 + \frac{a}{2}\left[-\frac{1}{2}x^2 + 3x\right]_1^3 = \frac{3a}{2}$$

$$\therefore a = \frac{2}{3}$$

(2) $0 \le x \le 1$일 때

$$F(x) = \int_0^x f(t)dt = \int_0^x \frac{2}{3}t\,dt = \frac{1}{3}x^2$$

$1 \le x \le 3$일 때

$$F(x) = \int_0^x f(t)dt = \int_0^1 \frac{2}{3}t\,dt + \int_1^x \frac{1}{3}(-t+3)\,dt$$

$$= \frac{1}{3} + \left[-\frac{1}{6}t^2 + t\right]_1^x$$

$$= -\frac{1}{6}x^2 + x - \frac{1}{2}.$$ ■

**[Ex 110]** 연속확률변수

확률변수 $X$의 확률밀도함수 $f(x)$가

$$f(x) = \begin{cases} (x+1)^2 & (-1 \le x \le 0) \\ -\frac{3}{4}x + 1 & (0 \le x \le \frac{4}{3}) \\ 0 & (x < -1, \quad x > \frac{4}{3}) \end{cases}$$

이고 $P(X \le c) = \frac{5}{8}$일 때 $c$을 구하라.

**Solution)**

$$\int_{-1}^{0} (x+1)^2 dx = \left[\frac{1}{3}(x+1)^3\right]_{-1}^{0} = \frac{1}{3}$$

이므로 $0 < c < \frac{4}{3}$ 이어야 한다. 따라서

$$\frac{1}{3} + \int_0^c \left(-\frac{3}{4}x + 1\right) dx = \frac{1}{3} - \frac{3}{8}c^2 + c = \frac{5}{8}$$

이므로 이식을 변형하면

$$9c^2 - 24c + 7 = 0, \quad (3c-7)(3c-1) = 0 \qquad \therefore\ c = \frac{1}{3}$$ ■

**[Ex 111]** 연속확률변수

확률변수 $X$의 확률밀도함수 $f(x)$가 $f(x) = \dfrac{A}{(1+|x-1|)^5}$ 일 때

(1) $A$을 구하라.

(2) 기댓값을 구하라.

(3) 분산을 구하라.

(4) $|X| \le 1$일 확률을 구하라.

(5) 확률변수 $Y$가 같은 확률밀도 함수를 가지고 $X$와 독립일 때 $X+Y$의 기댓값과 표준편차를 구하라.

**Solution)**

(1) 함수 $f(x)$의 전 범위를 적분하면 $\int_{-\infty}^{\infty} f(x)\,dx = 1$이므로

$$1 = \int_{-\infty}^{\infty} f(x)\,dx = \int_{-\infty}^{\infty} \frac{A}{(1+|x-1|)^5}\,dx = \int_{-\infty}^{\infty} \frac{A}{(1+|t|)^5}\,dx \quad (t = x-1)$$

$$= 2A\int_0^{\infty} \frac{1}{(1+t)^5}dt = 2A\lim_{\alpha\to\infty}\left[-\frac{1}{4}(1+t)^{-4}\right]_0^{\alpha}$$

$$= 2A\lim_{\alpha\to\infty}\left\{-\frac{1}{4}(1+\alpha)^{-4}+\frac{1}{4}\right\} = 2A\times\frac{1}{4} = \frac{A}{2}$$

이므로 $A = 2$이다.

(2) $$E(X) = \int_{-\infty}^{\infty} xf(x)\,dx = \int_{-\infty}^{\infty} \frac{2x}{(1+|x-1|)^5}\,dx$$

$$= \int_{-\infty}^{\infty} \frac{2(t+1)}{(1+|t|)^5}\,dt$$

$$= 2\int_{-\infty}^{\infty} \frac{t}{(1+|t|)^5}\,dt + 2\int_{-\infty}^{\infty} \frac{1}{(1+|t|)^5}\,dt$$

$$= 4\int_0^{\infty} \frac{dt}{(1+t)^5} = 4\times\frac{1}{4} = 1$$

(3) $$V(X) = \int_{-\infty}^{\infty} [x-E(X)^2]f(x)\,dx = \int_{-\infty}^{\infty} \frac{2(x-1)^2}{(1+|x-1|)^5}\,dx$$

$$= \int_{-\infty}^{\infty} \frac{2t^2}{(1+|t|)^5}\,dt$$

$$= 4\int_0^{\infty} \frac{t^2}{(1+|t|)^5}\,dt$$

$$= 4\int_0^{\infty} \frac{(1+t-1)^2}{(1+t)^5}\,dt$$

$$= 4\int_0^{\infty}\left\{\frac{1}{(1-t)^3}-\frac{2}{(1-t)^4}+\frac{1}{(1+t)^5}\right\}dt$$

이므로

$$I_1=\int_0^{\infty}\frac{1}{(1+t)^3}dt=\lim_{\alpha\to\infty}\left[-\frac{1}{2}(1+t)^{-2}\right]_0^{\alpha}=\lim_{\alpha\to\infty}\left\{-\frac{1}{2}(1+\alpha)^{-2}+\frac{1}{2}\right\}=\frac{1}{2}$$

$$I_2=\int_0^{\infty}\frac{1}{(1+t)^4}dt=\lim_{\alpha\to\infty}\left[-\frac{1}{3}(1+t)^{-2}\right]_0^{\alpha}=\lim_{\alpha\to\infty}\left\{-\frac{1}{3}(1+\alpha)^{-3}+\frac{1}{3}\right\}=\frac{1}{3}$$

$$I_3=\int_0^{\infty}\frac{1}{(1+t)^5}dt=\lim_{\alpha\to\infty}\left[-\frac{1}{4}(1+t)^{-4}\right]_0^{\alpha}=\lim_{\alpha\to\infty}\left\{-\frac{1}{4}(1+\alpha)^{-4}+\frac{1}{4}\right\}=\frac{1}{4}$$

이므로 $V(X)=4\left(\frac{1}{2}-\frac{2}{3}+\frac{1}{4}\right)=\frac{1}{3}$ 이다.

(4) $P(|X|\le 1)=\int_{-1}^{1}f(x)dx=\int_{-1}^{1}\frac{2}{(1+|x-1|)^5}dx$

$$=\int_{-2}^{0}\frac{2}{(1+|t|)^5}dt$$

$$=\int_{-2}^{0}\frac{2}{(1-t)^5}dt$$

$$=2\left[\frac{1}{4}(1-t)^{-4}\right]_{-2}^{0}$$

$$=2\left\{\frac{1}{4}-\frac{1}{4(-3)^4}\right\}=\frac{40}{81}$$

(5) $E(X+Y)=E(X)+E(Y)=1+1=2$이고 $X$와 $Y$가 독립이므로

$$V(X+Y)=V(X)+V(Y)=\frac{1}{3}+\frac{1}{3}=\frac{2}{3}$$

으로부터 $\sigma(X+Y)=\sqrt{\frac{2}{3}}=\frac{\sqrt{6}}{3}$ 이다. ■

**[Ex 112]** 연속확률변수

확률변수 $X$가 구간 $[0, 10]$에서 확률밀도함수 $f(x)=kx(10-x)$ (단, $k$는 상수)일 때

(1) $k$을 구하라.

(2) 평균 $m$과 표준편차 $\sigma$를 구하라.

(3) 확률 $P(|X-m| \le \sigma)$을 구하라.

**Solution)**

(1) $\int_0^{10} kx(10-x)dx = k\left[5x^2 - \frac{1}{3}x^3\right]_0^{10} = \frac{500k}{3} = 1$이므로 $k = \frac{3}{500}$.

(2) $m = \int_0^{10} x\frac{3}{500}x(10-x)dx = \frac{3}{500}\left[\frac{10}{3}x^3 - \frac{1}{4}x^4\right]_0^{10} = \frac{3}{500}\times\frac{10^4}{12} = 5$

$$V(X) = \int_0^{10} x^2\frac{3}{500}x(10-x)dx - m^2 = \frac{3}{500}\left[\frac{10}{3}x^4 - \frac{1}{4}x^5\right]_0^{10} - m^2 = \frac{3}{500}\times\frac{10^4}{12} - 5^2 = 5$$

$\therefore\ \sigma = \sqrt{V(X)} = \sqrt{5}$

(3) $P(|X-m| \le \sigma) = P(5-\sqrt{5} \le X \le 5+\sqrt{5}\,)$

$$= \int_{5-\sqrt{5}}^{5+\sqrt{5}} \frac{3}{500}x(10-x)dx$$

$$= \frac{3}{500}\int_{5-\sqrt{5}}^{5+\sqrt{5}} \{-(x-5)^2 + 25\}dx$$

$$= \frac{6}{500}\int_0^{\sqrt{5}} (-t^2 + 25)dx$$

$$= \frac{6}{500}\left[-\frac{1}{3}t^3 + 25t\right]_0^{\sqrt{5}} = \frac{7\sqrt{5}}{25}.$$

■

**[Ex 113]** 연속확률변수

구간 $[0,\ a]\ (a > 0)$에서 확률변수 $X$의 확률밀도함수가 $f(x) = b(4-x)x$이다.

(1) $X$의 평균이 $\frac{a}{2}$일 때 $a,\ b$을 구하라.

(2) $t$에 대한 방정식 $4t^2 - 12t + 9(X-1) =$ 의 두 해 $(\alpha,\ \beta)$가 존재하는 범위에 대한 확률변수 $X$의 확률을 구하라.

**Solution)**

(1) $\int_0^a b(4-x)x\,dx = b\left[2x^2 - \frac{1}{3}x^3\right]_0^a = \frac{1}{3}a^2b(6-a) = 1$ …… ①

$$\int_0^a xb(4-x)x\,dx = b\left[\frac{4}{3}x^2 - \frac{1}{4}x^3\right]_0^a = \frac{1}{12}a^3b(16-3a) = \frac{a}{2} \quad \cdots\cdots ②$$

식 ①로부터 $a^2b(6-a)=3$이고 식 ②로부터 $a^2b(16-3a)=6$이므로 두 식으로부터 $2(6-a)=16-3a$이므로 $a=4,\ b=\frac{3}{32}$이다.

(2) $t$에 대한 방정식 $4t^2-12t+9(X-1)=0$의 두 해 $\alpha,\ \beta$가 존재할 조건으로부터

$$\text{판별식 : } \frac{D}{4} = 6^2 - 4\times 9(X-1) \geq 0 \quad \cdots\cdots ①$$

$$\text{두 해의 합 : } \alpha+\beta = 3 > 0 \quad \cdots\cdots ②$$

$$\text{두 해의 곱 : } \alpha\times\beta = \frac{9(X-1)}{4} > 0 \quad \cdots\cdots ③$$

을 만족해야하고 식 ①, ②, ③으로부터 $1 < X \leq 2$ 이므로 구하는 확률은 다음과 같다.

$$P(1 < X \leq 2) = \int_1^2 \frac{2}{32}(4-x)x\,dx = \frac{3}{32}\left[2x^2 - \frac{1}{3}x^3\right]_1^2 = \frac{11}{32}$$

■

**[Ex 114]** 연속확률변수

확률변수 $X$의 확률밀도함수가

$$f(x) = \begin{cases} bx(a-x) & (0 \leq x \leq a) \\ 0 & (x < 0,\ x > a) \end{cases}$$

이고 $X$의 평균이 1일 때

(1) $a,\ b$을 구하라.

(2) 확률변수 $Y = cX+3$일 때 확률 $P(4 \leq Y \leq 5)$을 구하라.

**Solution)**

(1) $\int_0^a bx(a-x)dx = b\left[\frac{1}{2}ax^2 - \frac{1}{3}x^3\right]_0^a = \frac{1}{6}a^3b = 1$

이고 평균이 1이므로

$$\int_0^a x\,bx(a-x)dx = b\left[\frac{1}{3}ax^3 - \frac{1}{4}x^4\right]_0^a = \frac{1}{12}a^4b = 1$$

으로부터 $a=2,\ b=\frac{3}{4}$ 이다.

(2) $P(4 \le Y \le 5) = P\left(\frac{1}{c} \le X \le \frac{2}{c}\right) \equiv p$라 하면

(i) $0 < c < \frac{1}{2}$ 이면 $p=0$

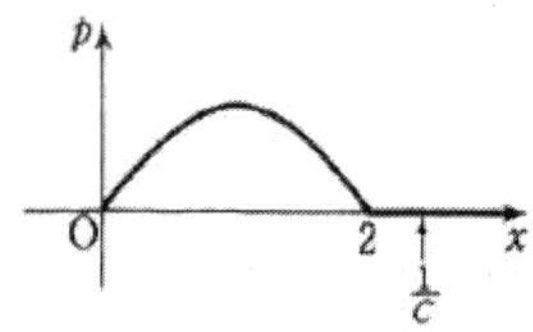


(ii) $\frac{1}{2} \le c < 1$이면

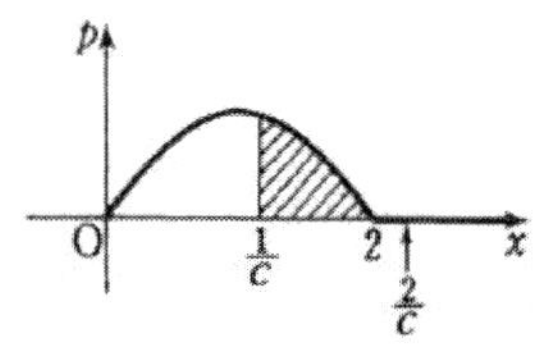


$$p = \int_{\frac{1}{c}}^{2} f(x)dx = \frac{3}{4}\int_{\frac{1}{c}}^{2}(2x - x^2)\,dx$$

$$= \frac{3}{4}\left[x^2 - \frac{1}{3}x^3\right]_{\frac{1}{c}}^{2}$$

$$= 1 - \frac{3}{4c^2} + \frac{1}{4c^3}$$

(iii) $c \ge 1$이면

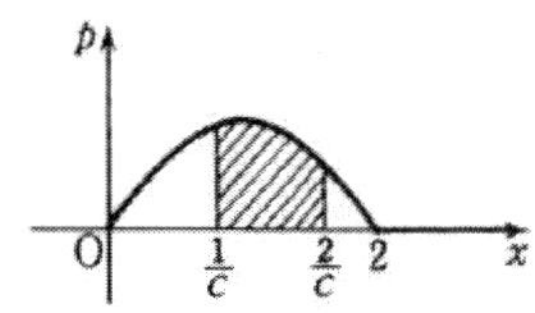


$$p = \int_{\frac{1}{c}}^{\frac{2}{c}} f(x)dx = \frac{3}{4}\int_{\frac{1}{c}}^{\frac{2}{c}}(2x - x^2)\,dx$$

$$= \frac{3}{4}\left[x^2 - \frac{1}{3}x^3\right]_{\frac{1}{c}}^{\frac{2}{c}}$$

$$= \frac{9}{4c^2} - \frac{7}{4c^3}$$

■

**[Ex 115]** 연속확률변수

독립인 두 확률변수 $X,\ Y$의 확률밀도함수가

$$f(x) = \begin{cases} 1 & (0 \le x \le 1) \\ 0 & (x < 0,\ 1 < x) \end{cases}$$

일 때 $S = X + Y$ 의 확률밀도함수 $h(s)$을 구하라.

**Solution)**

$h(s) = \int_0^1 f(s-u)g(u)\,du$ 으로부터 다음과 같다.

$$h(s) = \begin{cases} s & (0 \le x < 1) \\ 2-s & (1 < s \le 2) \\ 0 & (s < 0, \quad s > 2) \end{cases}$$

■

**[Ex 116]** 정규 확률변수

1개의 주사위를 720회 던졌을 때 1일 나온 횟수를 $X$라 할 때 $P(X \ge 150)$을 구하라.

**Solution)**

$X \sim b(720, \frac{1}{6})$이므로 정규 확률분포로 근사시키면

$$N(720 \times \frac{1}{6},\ 720 \times \frac{1}{6} \times \frac{5}{6}) = N(120, 10^2)$$

이고, $z = \dfrac{X-120}{10}$ 로 표준화하면 $P(X \ge 150) = P(z \ge 3) = 0.5 - 0.4987 = 0.0013$ 이다. ■

**Ex 117]** 정규 확률변수

17세인 전국 남자 고등학생의 평균 신장을 조사한 결과 평균 169.6$cm$, 표준편차 5.3$cm$인 정규 분포로 조사되었다. 신장 167$cm$인 학생은 임의로 추출된 100명의 학생을 신장이 작은 순서로 번호를 부여한다면 대략 몇 번이 되는가? (정규 확률분포 표를 사용함)

**Solution)**

$$z = \frac{167 - 169.6}{5.3} = -0.49$$

이므로 정규분포 표를 사용하면

$$
\begin{aligned}
P(z \le -0.49) &= 0.5 - P(-0.49 < z \le 0) \\
&= 0.5 - P(0 \le z < 0.49) \\
&= 0.5 - 0.1879 = 0.3121
\end{aligned}
$$

이므로 31.21%에 속하므로 부여받을 번호는 대략 31번 또는 32번 정도가 된다. ■

**[Ex 118]** 정규 확률변수

정규분포 $N(50, 10^2)$을 따르는 확률변수 $X$가 $P(|X-50| < 15) = 0.8664$ 이라고 한다. 그리고 확률변수 $Y$는 정규분포 $N(60, 20^2)$을 따른다. 만약 $Y = aX + b \ (a > 0)$인 관계가 성립한다면

(1) $a$, $b$의 값을 구하라.

(2) $P(Y \ge 90)$ 을 구하라.

**Solution)**

(1) $Y = aX + b \ (a > 0)$이므로

$$
\begin{aligned}
E(Y) &= aE(X) + b & \therefore 60 &= 50a + b & \cdots\cdots \ ① \\
V(Y) &= a^2 V(X) & \therefore 20^2 &= a^2 10^2 & \cdots\cdots \ ②
\end{aligned}
$$

식 ②로부터 $a^2 = 4$이고 $a > 0$이므로 $a = 2$이다. 그리고 식 ①에 대입하면 $60 = 100 + b$ 이므로 $b = -40$ 이다. $\therefore a = 2, \quad b = -40$

(2) $Y = 2X - 40 \ge 90$인 사건과 $X \ge 65$인 사건은 동치이다. 따라서

$$
\begin{aligned}
P(X \ge 65) = P(X - 50 \ge 15) &= \frac{1}{2} P(|X-50| \ge 15) \\
&= \frac{1}{2}\{1 - P(|X-50| < 15\} \\
&= \frac{1}{2}(1 - 0.8664) = 0.0668
\end{aligned}
$$

■

**[Ex 119]** 정규 확률변수

어떤 나라에서 국민의 혈액형 비율은 O형 30%, A형 35%, B형 25%, AB형 10%로 일컬어진다. 지금 무작위로 400명을 고를 때, AB형의 사람이 37명 이상 49명 이하가 될 확률을 구하라.

**Solution)**

400명 중에서 AB형인 사람의 수를 $X$라 하자. AB형인 사람이 뽑힐 확률이 0.1 이므로 확률변수 $X$는 이항분포로 $X \sim b(400,\ 0.1)$이므로 정규 확률분포로 근사시키면

$$N(400 \times 0.1,\ 400 \times 0.1 \times 0.9) = N(40,\ 6^2)$$

이고, $z = \dfrac{X-40}{6}$로 표준화하면

$$\begin{aligned} P(37 \le X \le 49) &= P(-0.5 \le z \le 1.5) \\ &= P(0 \le z \le 0.5) + P(0 \le z \le 1.5) \\ &= 1.1915 + 0.4332 = 0.6247 \end{aligned}$$

이다(정규분포표 참조). ■

## 16. 결합 확률함수 문제

**[Ex 120]** 결합 확률밀도함수

확률변수 $X_1$은 어떤 물질의 첫 번째 실험결과의 농도이고 확률변수 $X_2$은 어떤 물질의 두 번째 실험결과의 농도라고 한다. $X_1$과 $X_2$의 결합 확률밀도함수가 $f(x_1, x_2) =$, $cx_1x_2 c$: 상수, $0 < x_1 < 1$, $0 < x_2 < 1$라 한다. $A = \{(x_1, x_2) | x_1 + x_2 < 1\}$이라 할 때

(1) $c$을 구하라.

(2) 확률 $P[(x_1, x_2) \in A]$을 구하라.

**Solution)**

(1) $\int_0^1 \int_0^1 cx_1x_2 dx_2 dx_1 = 1$ 을 만족해야하므로

$$1 = \int_0^1 \int_0^1 cx_1x_2 dx_2 dx_1 = c\int_0^1 x_1 \left[\frac{1}{2}x_2\right]_0^1 dx_1 = \frac{c}{2}\int_0^1 x_1 dx = \frac{c}{2}\left[\frac{1}{2}x_1\right]_0^1 = \frac{c}{4}$$

$\therefore c = 4$

(2)
$$\begin{aligned} P[(x_1, x_2) \in A] = P[X_1 + X_2 < 1] &= \iint_A f(x_1, x_2) dx_1 dx_2 \\ &= \int_0^1 \int_0^{1-x_2} 4x_1x_2 dx_1 dx_2 \\ &= \int_0^1 2x_2(1-x_2)^2 dx_2 \\ &= \int_0^1 (2x_2 - 4x_2^2 + 2x_2^3) dx_2 \\ &= \left[x_2^2 - \frac{4}{3}x_2^3 + \frac{2}{4}x_2^4\right]_0^1 = \frac{1}{6} \end{aligned}$$

■

**[Ex 121]** 결합 확률밀도함수

확률변수 $X_1$, $X_2$, $X_3$의 결합 확률밀도함수가 $f(x_1, x_2, x_3) = c, 0 < x_1 < x_2 < x_3 < 1$, $c$: 상수를 갖는 연속확률변수이다.

(1) $c$을 구하라.

(2) $X_3$의 주변 확률밀도함수를 구하라.

(3) $(X_1, X_2)$의 결합 확률밀도함수를 구하라.

**Solution)**

(1) $\int_0^1 \int_0^{x_3} \int_0^{x_2} c\, dx_1 dx_2 dx_3 = 1$을 만족해야하므로

$$1 = c\int_0^1 \int_0^{x_3} \int_0^{x_2} dx_1 dx_2 dx_3 = c\int_0^1 \int_0^{x_3} \left[x_1\right]_0^{x_2} dx_2 dx_3$$

$$= c\int_0^1 \frac{1}{2}x_3^2\, dx_3$$

$$= \frac{c}{2}\left[\frac{1}{3}x_3^3\right]_0^1 = \frac{c}{6}$$

$\therefore\ c = 6$

(2) $f_3(x_3) = \int_0^{x_3} \int_0^{x_2} 6\, dx_1 dx_2 = 6\int_0^{x_3} x_2\, dx_2 = 3x_3^2$

(3) $f(x_1,\, x_2) = \int_{-\infty}^{\infty} f(x_1,\, x_2, x_3)\, dx_3 = \int_{x_2}^{1} 6\, dx_3 = 6(1 - x_2)$ ■

**[Ex 122]** 결합 확률밀도함수

두 연속확률변수 $X$와 $Y$는 독립이고, 각각 다음과 같은 확률밀도함수(probability density function)를 동일하게 갖는다.

$$f(t) = \begin{cases} 2t, & 0 \le t \le 1 \\ 0, & t < 0,\ 1 < t \end{cases}$$

이때, $Y$가 $X$와 $X^2$ 사이일 확률을 구하라.

**Solution)**

두 연속확률변수 $X$와 $Y$는 독립이므로 결합확률밀도함수는

$$f(x, y) = f_X(x) f_Y(y) = \begin{cases} 4xy, & 0 \le x \le 1,\ \ 0 \le y \le 1 \\ 0, & x,\, y \not\in [0,\, 1] \end{cases}$$

이다. 따라서

$$P(X^2 \le\ Y \le X) = \int_0^1 \int_{x^2}^{x} 4xy\, dy dx$$

$$= \int_0^1 \left[2xy^2\right]_{y=x^2}^{y=x} dx$$

$$= 2\int_0^1 (x^3 - x^5)dx$$

$$= 2\left[\frac{1}{4}x^2 - \frac{1}{6}x^6\right]_0^1 = \frac{1}{6}$$

이다. ■

**[Ex 123]** 결합확률질량함수

두 이산형 확률변수 $X$와 $Y$의 결합확률질량함수(joint probability mass function) $f(x, y) = P(X=x,\ Y=y)$를

$$f(x,y) = \frac{3x-y}{12},\ x = 1,\ 2,\ \ y = 1,\ 2$$

라 하자. $Y=1$일 때, $X$의 조건부 기댓값(조건부 평균) $E(X|\,Y=1)$의 값을 구하라.

**Solution)**

| $y \diagdown x$ | 1 | 2 | $f_Y$ |
|---|---|---|---|
| 1 | $\frac{2}{12}$ | $\frac{5}{12}$ | $\frac{7}{12}$ |
| 2 | $\frac{1}{12}$ | $\frac{4}{12}$ | $\frac{5}{12}$ |
| $f_X$ | $\frac{3}{12}$ | $\frac{9}{12}$ | |

$$E(X|\,Y=1) = 1\times\frac{f(1,1)}{f_Y(1)} + 2\times\frac{f(2,1)}{f_Y(1)} = 1\times\frac{2}{7} + 2\times\frac{5}{7} = \frac{12}{7}.$$ ■

**[Ex 124]** 결합확률밀도함수

두 연속확률변수 $X$와 $Y$가 서로 독립이고, 확률밀도함수(probability density function)가 각각

$$f_X(x) = \frac{1}{2}e^{-\frac{x}{2}} \quad (x > 0),$$

$$f_Y(y) = e^{-y} \qquad (y > 0)$$

이다. 확률변수 $Z=X+2Y$의 확률밀도함수 $g(z)$를 구하라.

**Solution)**

$Z$의 누적 분포함수를 $G(z)=P(X+2Y\le z)\ (z>0)$라 하면

$$G(z)=P(X+2Y\le z)=\int_0^{\frac{z}{2}}\int_0^{z-2y}\frac{1}{2}e^{-\frac{x}{2}-y}dxdy$$
$$=\int_0^{\frac{z}{2}}(e^{-y}-e^{-\frac{z}{2}})dy$$
$$=1-e^{-\frac{z}{2}}-\frac{z}{2}e^{-\frac{z}{2}}$$

이고 이 함수는 $z$에 관한 누적 분포함수이다. 따라서 확률밀도함수 $g(z)$는

$$g(z)=G'(z)=\frac{z}{4}e^{-\frac{z}{2}}\ (z>0)$$

이다. ■

**[Ex 125]** 결합확률밀도함수

두 연속확률변수 $X$와 $Y$가 서로 독립이고 각각 구간 (0,2)에서 균등분포(uniform distribution)를 따른다. 확률변수 $Z=X+Y$의 확률밀도함수(probability density function) $f_Z(z)$와 평균 $E[Z]$을 풀이과정과 함께 쓰시오.

**Solution)**

$X$와 $Y$가 서로 독립이므로 확률변수 $Z=X+Y$의 확률밀도함수 $h(z)$는

$$h(z)=\int_{-\infty}^{\infty}f(z-u)f(u)du=\int_0^2 f(z-u)f(u)du$$

이므로

$$f_z(z)=\begin{cases}\dfrac{z}{4} & ,\ 0<z\le 2\\[2ex] \dfrac{4-z}{4} & ,\ 2<z<4\\[2ex] 0 & ,\ z\notin(0,\ 4)\end{cases}$$

이다. 평균 $E(Z)$는 다음과 같다.

$$E(Z)=\int_0^2 z\frac{z}{4}\,dz+\int_2^4 z\frac{4-z}{4}\,dz=\left[\frac{z^3}{12}\right]_0^2+\left[\frac{z^2}{2}\right]_2^4-\left[\frac{z^3}{12}\right]_2^4=2$$ ■

**[Ex 126]** 확률밀도함수

확률변수 $X$의 확률밀도함수가

$$f_X(x)=\frac{4}{31}\left(\frac{1}{2}\right)^x,\quad x=-2,\ -1,\ 0,\ 1,\ 2$$

일 때 $Y=|X|$의 확률함수를 구하라.

**Solution)**

$Y=|X|$가 확률값을 가지는 점은 $y=0,\ 1,\ 2$이다. 따라서 각 점에서의 확률은 다음과 같이 구해진다.

$$f_Y(0)=f_X(0)=\frac{4}{31}$$
$$f_Y(1)=f_X(-1)+f_X(1)=\frac{8}{31}+\frac{2}{31}=\frac{10}{31}$$
$$f_Y(2)=f_X(-2)+f_X(2)=\frac{17}{31}$$

이것을 다르게 표현하면

$$f_Y(y)=\begin{cases}\dfrac{4}{31} & y=0\\[2ex] \dfrac{4}{31}\left[\left(\dfrac{1}{2}\right)^{-y}+\left(\dfrac{1}{2}\right)^{y}\right] & y=1,\ 2\end{cases}$$

이다. ■

**[Ex 127]** 평균과 부등식

냉장고를 생산하는 공장의 일주일간 생산하는 수는 평균이 500인 확률변수 $X$를 따른다고 한다.

(1) 이번 주에 1000대 이상 생산할 확률을 구하라.

(2) 만약 확률변수 $X$의 분산이 100일 때 이번 주 생산량이 400에서 600사이일 확률을 구하라.

**Solution)**

(1) 마코프 부등식으로부터

$$P\{X > 1000\} \le \frac{E[X]}{1000} = \frac{500}{1000} = \frac{1}{2}$$

(2) 체비세프 부등식으로부터

$$P\{|X-500| \ge 100\} \le \frac{\sigma^2}{(100)^2} = \frac{1}{100}$$

이므로

$$P\{|X-500| < 200\} \ge 1 - \frac{1}{100} = \frac{99}{100}$$

이다. 즉 이번 주 생산량이 400에서 600사이일 확률은 0.99이다. ■

**[Ex 128]** 확률밀도함수

연속확률변수 $X$의 확률밀도함수(probability density function) $f_X(x)$는

$$f_X(x) = \frac{2}{9}x - \frac{2}{9} \quad (1 < x < 4)$$

이다. $X$와 같은 분포를 따르고 서로 독립인 2개의 연속확률변수 $X_1$와 $X_2$에 대하여 $Y = \min\{X_1, X_2\}$일 때, 확률 $P\left(Y < \frac{5}{2}\right)$을 구하시오. (단, $\min\{a, b\}$는 $a$와 $b$중 크지 않은 수이다.)

**Solution)**

$Y = \min\{X_1, X_2\}$이므로 사건 $\left(Y < \frac{5}{2}\right)$은 $\left(X_1 < \frac{5}{2}\right)$혹은 $\left(X_2 < \frac{5}{2}\right)$인 경우이고 전체 공간에서 $\left(X_1 > \frac{5}{2}\right)$이고 $\left(X_2 > \frac{5}{2}\right)$이 경우를 뺀 것과 같다. 따라서

$$P\left(Y < \frac{5}{2}\right) = 1 - P\left(X_1 > \frac{5}{2}\right)P\left(X_2 > \frac{5}{2}\right) = 1 - P\left(X_1 > \frac{5}{2}\right)^2$$

이다. 그리고

$$P\left(X_1 > \frac{5}{2}\right) = \int_{\frac{5}{2}}^{\infty} f_{X_1}(x)\,dx = \int_{\frac{5}{2}}^{\infty}\left(\frac{2}{9}x - \frac{2}{9}\right)dx = \frac{3}{4}$$

으로부터 구하는 확률은 다음과 같다.

$$P\left(Y < \frac{5}{2}\right) = 1 - P\left(X_1 > \frac{5}{2}\right)^2 = 1 - \left(\frac{3}{4}\right)^2 = \frac{7}{16}. \qquad \blacksquare$$

**[Ex 129]** 결합확률밀도함수

두 연속확률변수 $X$와 $Y$의 결합확률밀도함수(joint probability density function)가

$$f(x, y) = 2e^{-(x+2y)} \ (x > 0,\ \ y > 0)$$

일 때, 확률 $P[X < Y]$을 구하라.

**Solution)**

적분영역은 $0 < x < \infty$, $x < y < \infty$이다. 즉

$$\begin{aligned} P[X < Y] &= \int_0^{\infty}\int_x^{\infty} 2e^{-(x+2y)}\,dy\,dx \\ &= \int_0^{\infty} e^{-x}\left[-e^{-2y}\right]_x^{\infty} dx \\ &= \int_0^{\infty} e^{-3x}\,dx = \left[-\frac{1}{3}e^{-3x}\right]_0^{\infty} = \frac{1}{3} \end{aligned} \qquad \blacksquare$$

**[Ex 130]** 결합확률밀도함수

두 연속확률변수 $X$와 $Y$의 결합확률밀도함수가(joint probability density function)

$$f(x, y) = e^{-(x+y)} \ (x \geq 0,\ \ y \geq 0)$$

이고 $Z = X + Y$일 때 $P(Z \leq 1)$을 구하라.

**Solution)**

$$P(Z \le 1) = P(X+Y \le 1) = \int_0^1 \int_0^{1-x} e^{-(x+y)} dy dx$$

$$= \int_0^1 [-e^{-(x+y)}]_1^{1-x} dx = \int_0^1 (-e^{-1} + e^{-x}) dx$$

$$= [-e^{-1}x - e^{-x}]_0^1 = 1 - \frac{2}{e}$$

■

**[Ex 131]** 결합 확률밀도함수

확률변수 $X$와 $Y$가 독립이고

$$P(a < X_1 < b) = \frac{2}{3}, \qquad P(c < X_2 < d) = \frac{5}{8}$$

이다. 이때 사건 $a < X_1 < b,\ -\infty < X_2 < \infty$와 사건 $-\infty < X_1 < \infty,\ c < X_2 < d$의 합사건 의 확률을 구하라.

**Solution)**

사건 $A = \{a < X_1 < b\}$, $B = \{c < X_2 < d\}$라 하면 두 사건 $A$와 $B$가 독립사건이므로

$$\begin{aligned} P(A \cup B) &= P(A) + P(B) - P(A \cap B) \\ &= P(A) + P(B) - P(A)P(B) \\ &= \frac{2}{3} + \frac{5}{8} - \frac{2}{3} \times \frac{5}{8} = \frac{7}{8}. \end{aligned}$$

■

**[Ex 132]** 결합 확률밀도함수

두 연속확률변수 $X$와 $Y$는 독립이고 확률밀도함수(probability density function)가 각각

$$f_X(x) = 2x\ (0 < x < 1),\ f_Y(y) = 1\ (0 < y < 1)$$

이다. $M = \left[\frac{X}{Y}\right]$라 할 때 $P(M=2)$을 구하라. (단 $[a]$는 $a$보다 크지 않은 최대정수이다.)

**Solution)**

$X$와 $Y$가 독립이므로 결합 확률밀도함수는

$$f(x,y)=f_X(x)f_Y(y)=\begin{cases} 2x & , 0<x<1, \quad 0<y<1 \\ 0 & , \text{그 외의 경우} \end{cases}$$

이다. 그리고 $M=\left[\frac{X}{Y}\right]=2$일 필요충분조건은 $2 \le \frac{X}{Y} < 3$이다. $X$가 양의 영역에서만 값을 취하므로 $\frac{X}{3} \le Y < \frac{X}{2}$와 역시 동치이다. 따라서

$$\begin{aligned} P(M=2) &= P(\frac{X}{3} < Y < \frac{X}{2}) \\ &= \int_0^1 \int_{\frac{x}{3}}^{\frac{x}{2}} f(x,y)dydx \\ &= \int_0^1 \int_{\frac{x}{3}}^{\frac{x}{2}} 2x\,dydx = \frac{1}{9} \end{aligned}$$

이다. ■

**[Ex 133]** 결합 확률밀도함수

두 연속확률변수 $X$와 $Y$의 결합 확률밀도함수가(joint probability density function)

$$f(x,y)=\begin{cases} \frac{1}{5}xy(1-x+y) & , 0<x<1, \quad 1<y<3 \\ 0, & , \text{그 외의 경우} \end{cases}$$

라 하자. $Y$의 주변 확률밀도함수(marginal probability density function) $f_Y(y)$을 구하고, 이를 이용하여 $Y=2$가 주어졌다는 가정 하에 조건부확률밀도함수(conditional probability density function) $f_{X|Y}(x|2)$와 $X$의 조건부 기댓값(conditional expectation) $E[X|Y=2]$을 구하라.

**Solution)**

$Y$의 주변 확률밀도함수는

$$f_Y(y)=\int_{-\infty}^{\infty} f(x,y)dx = \int_0^1 \frac{1}{5}xy(1-x+y)dx = \frac{1}{30}y(1+3y) \ (1<y<3)$$

이다. 즉

$$f_Y(y) = \begin{cases} \dfrac{1}{30}y(1+3y) & , \ 1 < y < 3 \\ 0, & , \ \text{그 외의 경우} \end{cases}$$

이다. 그리고 $f_{X|Y}(x|y) = \dfrac{f(x,y)}{f_Y(y)}$ 이므로

$$f_{X|Y}(x|2) = \frac{f(x,2)}{f_Y(2)} = \frac{\frac{2}{5}x(3-x)}{\frac{14}{30}} = \frac{6}{7}x(3-x)\ (0 < x < 1)$$

이고

$$E[X|\,Y=2] = \int_0^1 x f_{X|Y}(x|2)dx = \int_0^1 \frac{6}{7}x^2(3-x)\,dx = \frac{9}{14}$$

이다. ■

## 17. 표본평균 문제

**[Ex 134]** 표본평균

어떤 군락지에 자라는 나무의 크기가 평균 $50cm$이고 표준편차가 $3cm$인 정규분포를 따른다고 한다. 나무가 있다. 표준정규분포의 확률밀도함수

$$f(x) = \frac{1}{\sqrt{2\pi}} e^{-\frac{x^2}{2}}$$

에 대해서 $F(z) = \int_0^z f(x)dx$ 의 값이 다음 표와 같을 때

| $z$ | $F(z)$ |
|---|---|
| 1 | 0.3413 |
| 2 | 0.4772 |
| 3 | 0.4987 |

(1) 크기가 $47cm$ 이상, $56cm$ 이하인 나무는 전체의 몇 % 정도인가?

(2) 4개의 나무를 임의로 선택했을 때 표본 평균이 $53cm$ 이상일 확률을 구하라.

**Solution)**

(1) 나무 크기에 대한 확률변수 $X$는 $E(X) = 50$, $\sigma_X = 3$이므로

$$P(47 \le X \le 56) = P\left(\frac{47-50}{3} \le \frac{X-50}{3} = Z \le \frac{56-50}{3}\right)$$
$$= P(-1 \le Z \le 2) = P(-1 \le Z \le 0) + P(0 \le Z \le 2)$$
$$= P(0 \le Z \le 1) + P(0 \le Z \le 2)$$
$$= 0.3413 + 0.4772 = 0.8185$$

이므로 군락지 전체의 약 82%이다.

(2) 표본평균 $\overline{X}$의 평균과 표준편차는 $E(\overline{X}) = E(X) = 50$, $\sigma_{\overline{X}} = \frac{\sigma_X}{\sqrt{4}} = \frac{3}{2}$이므로

$$P(\overline{X} \ge 53) = P\left(\frac{\overline{X}-50}{3/2} = Z \ge \frac{53-50}{3/2}\right)$$

$$= P(Z \ge 2) = 1 - P(Z \le 2) = 0.5 - F(2) = 0.0228$$

이다. ■

**[Ex 135]** 표본평균

복원추출로 $n$개의 무작위 표본을 뽑는 실험의 모표준편차가 $\frac{1}{2}$이라고 한다. 표본평균 $\overline{X}$의 표준편차가 $\frac{1}{40}$ 이하로 하는 최소 $n$을 구하라.

**Solution)**

모표준편차가 $\sigma = \frac{1}{2}$이고 표본평균의 표준편차 $\sigma(\overline{X}) = \frac{\sigma}{\sqrt{n}} = \frac{1}{2\sqrt{n}} \le \frac{1}{40}$으로부터

$$\therefore \sqrt{n} \ge 20, \quad n \ge 20^2 = 400$$

즉 최소값 $n$은 400이다. ■

**[Ex 136]** 표본평균

어떤 나라 국민의 혈액형 비율은, A형 40%, 0형 30%, B형 20%, AB형 10%로 일컬어진다. 이 나라의 국민 중에서 무작위로 사람을 다음 물음에 답하시오.

(1) 2사람을 선택할 때 혈액형이 일치할 확률을 구하라.

(2) 2사람을 선택할 때 혈액형이 모두 다를 확률을 구하라.

(3) 5사람을 선택할 때 2명이 A형일 확률을 구하라.

(4) $n$명을 선택했을 때 A형인 비율이 39%에서 41% 사이일 확률이 0.95 이상이 되는 최소값 $n$을 구하라.

**Solution)**

(1) 2명을 뽑을 때 2명이 같은 혈액형일 경우는 A형, 0형, B형, AB형으로 4가지 경우의 수가 나오고 확률은 $p_1 = (0.4)^2 + (0.3)^2 + (0.2)^2 + (0.1)^2 = 0.30$이다.

(2) 4명의 혈액형이 모두 다를 확률은 혈액형이 한 개씩만 선택되어야 하므로 확률은 $0.4 \times 0.3 \times 0.2 \times 0.1 = 0.0024$이고 4명이 혈액형이 선택되는 경우의 수는 순열로 $4! = 24$이다. 따라서 구하는 확률은 $p_2 = 0.0024 \times 24 = 0.0576$이다.

(3) 1명을 뽑을 때 A형일 확률은 0.4이고 A형이 아닐 확률은 0.6이므로 5명 중에 2명이 A형일 경우의 수는 ${}_5C_2$ 이므로 구하는 확률은 $p_3 = {}_5C_2 (0.4)^2 (0.6)^3 = 0.3456$이다.

(4) 확률변수 $X$을 $n$명 중에서 A형인 사람의 수라 하면 확률변수 $X$는 $b(n, 0.4)$인 이항분포이다. 따라서

$$E(X) = 0.4n, \qquad V(X) = 0.4 \times 0.6n = 0.24n$$

$$E\left(\frac{X}{n}\right) = 0.4, \qquad V\left(\frac{X}{n}\right) = \frac{1}{n^2} V(X) = \frac{0.24}{n}$$

이고 확률변수 $\frac{X}{n}$는 근사적으로 정규분포 $N\left(0.4, \frac{0.24}{n}\right)$을 따르므로

$$P\left(-1.96\sqrt{\frac{0.24}{n}} < \frac{X}{n} - 0.4 < 1.96\sqrt{\frac{0.24}{n}}\right) = 0.95$$

인 사실로부터

$$P\left(0.39 < \frac{X}{n} < 0.41\right) = P\left(0.39 - 0.4 < \frac{X}{n} < 0.41 - 0.4\right)$$
$$= P\left(-0.01 < \frac{X}{n} < 0.01\right)$$

이고 $1.96\sqrt{\frac{0.24}{n}} < 0.01$을 만족하는 $n$을 구하면 $n > 196^2 \times 0.24 = 9219.84$이므로 최소값은 9220명이다. ■

**[Ex 137]** 표본평균

평균이 $\mu$, 표준편차가 $\sigma$인 정규분포 형태인 모집단이 있다. 이 모집단에서 4개의 샘플을 뽑은 평균값이 $\mu-\sigma$와 $\mu+\sigma$ 사이일 대략적인 확률을 구하라.

**Solution)**

4개 샘플의 표본평균 $\overline{X}$의 평균은 $E(\overline{X}) = \mu$이고 분산은 $V(\overline{X}) = \frac{\sigma^2}{4}$, 표준편차는 $\sigma_{\overline{X}} = \frac{\sigma}{2}$이므로

$$P(\mu - \sigma < \overline{X} < \mu + \sigma) = P(\mu - 2\sigma_{\overline{X}} < \overline{X} < \mu + 2\sigma_{\overline{X}})$$
$$= 2 \times 0.4772 = 0.9544$$

이므로 약 95%가 $\mu-\sigma$와 $\mu+\sigma$ 사이에 있다. ■

**[Ex 138]** 표본평균

과거의 자료에서, 18세의 남자 신장의 표준 편차는 5.8cm임이 밝혀져 있다. 지금 18세의 남자 신장의 평균값을 추정하는데 참값과의 차이가 $1cm$ 이하인 확률이 95%이상이 되려면, 몇 명 이상 조사할 필요가 있는지 구하라.

**Solution)**

모집단의 평균$=\mu$, 모집단의 표준편차$=\sigma=5.8$ 이고 $n$명의 평균 신장을 $\overline{X}$ 라 하면

$$E(\overline{X})=\mu, \qquad V(\overline{X})=\frac{\sigma^2}{n}=\frac{5.8^2}{n}, \qquad \sigma_{\overline{X}}=\frac{5.8}{\sqrt{n}}$$

이므로 $\overline{X}$ 의 분포는 근사적으로 $N\left(\mu, \dfrac{5.8^2}{n}\right)$ 을 따르므로

$$P\left(|\overline{X}-\mu|\leq 1.96\times\frac{5.8}{\sqrt{n}}\right)=0.95$$

을 만족해야 한다. 따라서 $1.96\times\dfrac{5.8}{\sqrt{n}}\leq 1$을 만족해야 하므로

$$n\geq(1.96\times 5.8)^2=129.23\cdots$$

이므로 130명 이상 조사하여야 한다. ■

## 18. 신뢰구간 문제

**[Ex 139]** 모평균 신뢰구간

정규모집단 $N(a,\ 10^2)$으로부터 추출한 표본이 다음과 같을 때 $a$에 대한 95% 신뢰구간을 구하라.

표본(9개) : 28, 13, 16, 28, 29, 12, 14, 12, 10

**Solution)**

표본평균 $\overline{X}=\dfrac{1}{9}(28+13+16+28+29+12+14+12+10)=\dfrac{162}{9}=18$이므로 표본평균 $\overline{X}$는 정규분포 $N\left(a,\ \dfrac{10^2}{9}\right)$를 따른다.

$$P\left(a-1.96\times\frac{10}{3}<\overline{X}=18<a+1.96\times\frac{10}{3}\right)=0.95$$

이므로 $a-1.96\times\dfrac{10}{3}<18<a+1.96\times\dfrac{10}{3}$을 정리하면 $11.47<a<24.53$이므로 $a$에 대한 95% 신뢰구간은 $(11.47,\ 24.53)$이다. ■

**[Ex 140]** 모평균 신뢰구간

어느 고등학교 3학년 여학생의 신장의 평균을 알기위해 49명을 추출하여 신장을 측정한 결과 평균치 157.2cm를 얻었다. 과거의 경험에 의하면, 표준 편차는 $6.3cm$으로 알려져 있다. 이 고등학교 3학년 여학생의 신장의 평균을 신뢰도 95%에서 구간 추정하라. 또, 신뢰도 99%에서 구간 추정하라.

**Solution)**

신뢰계수가 95% 이므로

$$\left(\overline{X}-1.96\frac{\sigma}{\sqrt{n}},\ \overline{X}+1.96\frac{\sigma}{\sqrt{n}}\right)=\left(157.2-1.96\times\frac{6.3}{\sqrt{49}},\ 157.2+1.96\times\frac{6.3}{\sqrt{49)}}\right)$$
$$=(155.44,\ 158.96)$$

이고 99% 신로구간은 $2.58\times\dfrac{6.3}{\sqrt{49}}\fallingdotseq 2.32$이므로

$$\left(157.2-2.58\times\frac{6.3}{\sqrt{49}},\ 157.2+2.58\times\frac{6.3}{\sqrt{49})}\right)=(154.88,\ 159.52)$$

이다. ■

**[Ex 141]** 모비율 신뢰구간

다음 글 중의 공난에 적당한 용어, 수치, 수식 등을 넣어라.

어떤 도시에서 개발계획 A안에 찬성하는 비율을 $p$ 라고 한다. 이 도시에서 무작위로 $n$ 명을 뽑아서 개발계획 A안에 찬성하는 사람의 수를 확률변수 $X$ 라고 하면 $X$ 의 분포는 ( Ⓐ )이고 $n$ 이 충분히 클 때 확률변수 $X$ 의 평균 $m=$( Ⓑ ), 표준편차 $\sigma=$( Ⓒ )인 정규분포를 이용할 수 있다. 즉

$$P\left(\left|\frac{X-m}{\sigma}\right|\le 1.96\right)=0.95 \qquad \cdots\cdots ①$$

이고, $\dfrac{X}{n}=\hat{p}$ 라 하면

$$P(|\hat{p}-p|\le 0.01)\ge 0.95 \qquad \cdots\cdots ②$$

을 만족하는 표본 크기 $n$ 을 구하면, 식 ①로부터 식 ②을 유도하면 $n\ge$( Ⓓ )가 성립하고 이 식으로부터 ( Ⓔ )개의 표본이 필요함을 알 수 있다.

**Solution)**

확률변수 $X$는 무작위로 뽑힌 $n$명 중에서 개발계획 A안에 찬성하는 사람의 수이고 각각의 사람이 찬성할 확률이 $p$ 이므로 이항분포 $b(n, p)$를 따른다. 따라서 평균 $m=E(X)=np$이고 분산이 $V(X)=\sigma^2=np(1-p)$이므로 표준편차는 $\sigma=\sqrt{np(1-p)}$ 이다. $n$이 충분히 클 경우 이항분포 $X$ 는 근사적으로 정규분포 $N(np, np(1-p))$ 를 따르므로

$$P\left(\left|\frac{X-np}{\sqrt{np(1-p)}}\right|\le 1.96\right)=0.95$$

이고 이 부등식을 변형하면

$$P\left(\left|\frac{X}{n}-p\right|\le 1.96\frac{\sqrt{np(1-p)}}{n}\right)=P\left(|\hat{p}-p|\le 1.96\frac{\sqrt{p(1-p)}}{\sqrt{n}}\right)=0.95$$

이므로 식 ②가 성립하려면

$$1.96 \times \frac{\sqrt{p(1-p)}}{\sqrt{n}} \leq 0.01$$

이 되어야 하므로 $n \geq 196^2 p(1-p)$을 만족해야한다. 그리고 $0 \leq p \leq 1$이므로

$$p(1-p) = -\left(p - \frac{1}{2}\right)^2 + \frac{1}{4} \leq \frac{1}{4}$$

을 이용하면

$$196^2 p(1-p) \leq 196^2 \times \frac{1}{4} = 98^2 = 9604$$

이므로 필요한 표본의 수는 9604이다.

따라서 Ⓐ : $b(n, p)$

Ⓑ : $m = np$

Ⓒ : $\sigma = \sqrt{np(1-p)}$

Ⓓ : $n \geq 196^2 p(1-p)$

Ⓔ : 9604

이다. ■

**[Ex 142]** 모비율 신뢰구간

어떤 약을 만드는 공장에서 제품 전체를 대상으로 임의로 1000개를 추출하여 검사한 결과, 20개의 불량품이 있었다. 이 제품 전체에 대한 불량률 $p$에 대한 95% 신뢰구간을 구하라.

**Solution)**

불량품에 대한 모비율이 $p$이고, 확률변수 $X$을 표본 1000개 중에 불량품의 수라고 하면 $X$는 이항분포 $b(1000, p)$이고 평균과 분산이 각각 $E(X) = 1000p$, $V(X) = 1000p(1-p)$이다. 그리고 표본수가 1000개로 충분히 크므로 확률변수 $X$는 근사적으로 정규분포 $N(1000p, 1000p(1-p))$을 따른다. 즉

$$P\left(\frac{|X-1000p|}{\sqrt{1000p(1-p)}} < 1.96\right) = P(|X-1000p| < 1.96\sqrt{1000p(1-p)}) = 0.95$$

$$\therefore P\left(\left|\frac{X}{1000}-p\right| < 1.96\sqrt{\frac{p(1-p)}{1000}}\right) = 0.95$$

표본 중 불량품의 0수가 20개이므로 $X=20$이므로 $\hat{p}=\frac{X}{1000}=\frac{20}{1000}=0.02$이고 ( $\sqrt{\ }$ ) 속의 모비율 대신에 표본비율을 대입한다. 그러면

$$P\left(|0.02-p| < 1.96\sqrt{\frac{0.02\times0.98}{1000}}\right) = 0.95$$

이고

$$1.96\sqrt{\frac{0.02\times0.98}{1000}} = 1.96\sqrt{\frac{2\times98\times10^{-4}}{10^3}} = 1.96\times14\times\frac{\sqrt{10}}{10^4} \fallingdotseq 0.0087$$

이므로

$$P(|0.02-p| < 0.0087) = 0.95$$

이다. 따라서 95% 신뢰구간은 $(0.011,\ 0.029)$이다. ■

**[Ex 143]** 모비율 신뢰구간

상당히 큰 주머니에 A, B 두 종류의 콩이 가득 담겨있다. 전체의 약 20% 정도가 A종류 콩으로 알려져 있다. 이주머니에서 무작위로 콩을 꺼낼 때 A종류 콩의 비율에 대한 신뢰도 95%로 구간 추정을 할 때 신뢰구간의 폭을 0.02 이하로 하려면 몇 개의 콩을 꺼내어야 하는가?

**Solution)**

A종류 콩 대한 모비율을 $p$라 하고 확률변수 $X$을 표본 $n$개 중에 A종류 콩의 수라고 하면 $X$는 이항분포 $b(n, p)$이고 평균과 분산이 각각 $E(X)=np$, $V(X)=np(1-p)$ 이다. 그리고 표본수가 충분히 크다면 확률변수 $\frac{X}{n}$는 근사적으로 정규분포

$$N\left(p, \frac{p(1-p)}{n}\right)$$

을 따른다. 즉

$$P(|\frac{X}{n}-p|< 1.96\sqrt{\frac{p(1-p)}{n}})=0.95$$

이다. 이 식의 ( $\sqrt{\ }$ ) 속의 모비율을 표본비율 0.2로 대체하면

$$P\left(|0.2-p|< 1.96\sqrt{\frac{0.2\times 0.8}{n}}\right)=0.95$$

이므로 95% 신뢰구간은

$$\left(0.2-1.96\sqrt{\frac{0.2\times 0.8}{n}},\ 0.2+1.96\sqrt{\frac{0.2\times 0.8}{n}}\right)$$

이다. 신뢰구간의 폭이 $2\times 1.96\sqrt{\frac{0.2\times 0.8}{n}}\leq 0.02$을 만족해야하므로

$$n\geq 196^2\times 0.2\times 0.8=6146.56$$

이다. 따라서 약 6147개 이상을 뽑아야한다. ■

**[Ex 144]** 모비율 신뢰구간

어느 도시 유권자 중에서 $n$명을 임의 추출하여 현재 진행하고 있는 정책에 대한 유권자 전체의 찬성자 비율 $p$을 추정하기로 했다. 신뢰구간 폭이 0.01이하로 되게 하려면 $n$이 얼마가 되어야하는지 다음의 각각의 경우에 대해 구하라.

(1) $p=0.5$인 경우 ⓐ 신뢰도 95% ⓑ 신뢰도 99%

(2) $p=0.1$인 경우 ⓐ 신뢰도 95% ⓑ 신뢰도 99%

**Solution)**

(1) ⓐ 95% 신뢰구간의 폭은 $2\times 1.96\sqrt{\frac{0.5\times 0.5}{n}}$ 이다. 따라서

$$2\times 1.96\sqrt{\frac{0.5\times 0.5}{n}}\leq 0.01,\quad \sqrt{n}\geq 2\times 196\times 0.5=196$$

$$\therefore\ n\geq 196^2=38416$$

ⓑ 99% 신뢰구간의 경우는 1.96 대신에 2.58을 대입하면 되므로

$n \geq 258^2 = 66564.$

(2) ⓐ 95% 신뢰구간의 폭은 $2 \times 1.96\sqrt{\dfrac{0.1 \times 0.9}{n}}$ 이다. 따라서

$$2 \times 1.96\sqrt{\frac{0.1 \times 0.9}{n}} \leq 0.01, \quad \sqrt{n} \geq 2 \times 196 \times 0.3$$

$$\therefore\ n \geq (2 \times 196 \times 0.3)^2 = 13829.76$$

ⓑ 99% 신뢰구간의 경우는 1.96 대신에 2.58을 대입하면 되므로

$$n \geq (2 \times 258 \times 0.3)^2 = 23963.04$$

이다. 결과를 정리하면 다음과 같다.

| 신뢰도 | 모비율에 대한 추정값 | |
|---|---|---|
| | 0.5 | 0.1 |
| 95% | 약 38400명 | 약 13800명 |
| 99% | 약 66600명 | 약 24000명 |

■

**[Ex 145]** 모비율 신뢰구간

어느 들판에 A, B 두 가지 종류의 들쥐가 살고 있다. 임의로 300마리의 들쥐를 잡은 후 조사한 결과 A종류가 90마리 있었다. A 종류의 들쥐는 이 벌판 전체에서 몇% 살고 있다고 생각할 수 있는가.

(1)신뢰도 95%로 추정하다

(2)신뢰도 99%로 추정하다

필요하다면, 다음 숫자를 이용하여라. $\sqrt{3} = 1.732$, $\sqrt{7} = 2.646$.

**Solution)**

(1) 들판 전체에 대한 A종류 들쥐에 대한 모비율을 $p$라 하고 확률변수 $X$을 표본 300 마리 중에 A종류 들쥐의 수라고 하면 $X$는 이항분포 $b(300, p)$이고 평균과 분산은 각각 $E(X) = 300p$, $V(X) = 300p(1-p)$이다. 그리고 표본수가 300으로 충분히 크므로 확률변수 $\dfrac{X}{300}$는 근사적으로 정규분포 $N\left(p, \dfrac{p(1-p)}{300}\right)$을 따른다. 즉

$$P(|\frac{X}{300}-p|< 1.96\sqrt{\frac{p(1-p)}{300}})=0.95$$

이다. $X=90$이므로 $\frac{X}{300}=\frac{90}{300}=0.3$은 $p$의 추정값 이므로 식의 ( $\sqrt{\ }$ ) 속의 모비율을 표본비율 0.3로 대체하면

$$P\left(|0.3-p|< 1.96\sqrt{\frac{0.3\times 0.7}{n}}\right)=P(|0.3-p|< 0.05186\cdots)=0.95$$

이므로 95% 신뢰구간은 $(0.248,\ 0.352)$이다. 따라서 $(24.8\%,\ 35.2\%)$이다.

(2) 동일한 방법으로

$$P\left(|0.3-p|< 2.58\sqrt{\frac{0.3\times 0.7}{n}}\right)=P(|0.3-p|< 0.06826\cdots)=0.99$$

이므로 99% 신뢰구간은 $(0.232,\ 0.368)$이다. 따라서 $(23.2\%,\ 36.8\%)$이다. ■

**[Ex 146]** 모분산 신뢰구간

철판을 절단하는 기계가 있다. 잘라낸 철판의 두께의 편차가 $1.5mm$을 넘으면 기계를 교체하여야 한다고 한다. 잘라낸 10개의 철판을 임의 추출하여 두께를 측정한 결과 $mm$ 단위로 다음과 같았다.

$$s^2=5.1556,\quad s=2.27,\quad \chi(9,0.05)=16.919,\quad \chi(9,0.95)=3.325$$

철판 두께의 표준편차 $\sigma$에 대한 90% 신뢰구간을 구하라.

**Solution)**

분산 $\sigma^2$에 대한 90% 신뢰구간은

$$\left(\frac{(n-1)S^2}{\chi^2(n-1,\ 0.05)},\ \frac{(n-1)S^2}{\chi^2(n-1,\ 0.95)}\right)=\left(\frac{9\times 5.1556}{16.919},\ \frac{9\times 5.1556}{3.325}\right)$$
$$=(2.7425,\ 13.9550)$$

이므로 모표준편차 $\sigma$에 대한 90% 신뢰구간은 다음과 같다.

$$(\sqrt{2.7425},\ \sqrt{13.9550})=(1.66,\ 3.74).$$ ■

## 19. 가설검정 문제

**[Ex 147]** 통계적 가설검정

테니스 선수인 A, B 두 사람이 테니스 경기를 했는데 5번을 시합해서 A가 다섯 번 모두 이겼다. 이런 경우 상식적으로 "선수 A가 선수 B 보다 실력이 뛰어나다."라고 판정할 수 있다. 하지만 선수 B가 "실력 차이가 없지만 내가 5연패 했을 뿐이다."라고 주장한다면 인정하지 않는다면 어떻게 판단해야하는가? 제1종의 오류가 발생할 확률은 얼마인가?

두 사람의 실력차이가 없다는 사실을 받아들여도 3연승을 할 수 있는 경우는 충분히 일어날 수 있다고 생각하지만 5연승을 할 경우는 쉽게 받아들일 수 없는 일이다. 여기서 우리는 각 선수가 이길 확률을 $p$로 두면 세 가지 형태의 가설을 만들 수 있다.

(1) $\begin{cases} \text{귀무가설}(H_0): \text{ 선수 A가 이길 확률은 } p \le \dfrac{1}{2} \text{ 이다.} \\ \text{대립가설}(H_1): \text{ 선수 A가 이길 확률은 } p > \dfrac{1}{2} \text{ 이다.} \end{cases}$

(2) $\begin{cases} \text{귀무가설}(H_0): \text{ 선수 A가 이길 확률은 } p \ge \dfrac{1}{2} \text{ 이다.} \\ \text{대립가설}(H_1): \text{ 선수 A가 이길 확률은 } p < \dfrac{1}{2} \text{ 이다.} \end{cases}$

(3) $\begin{cases} \text{귀무가설}(H_0): \text{ 선수 A가 이길 확률은 } p = \dfrac{1}{2} \text{ 이다.} \\ \text{대립가설}(H_1): \text{ 선수 A가 이길 확률은 } p \ne \dfrac{1}{2} \text{ 이다.} \end{cases}$

실험자는 위 세 가지 형태의 가설 중에 한 가지를 선택하게 된다. 현재 선수 A가 5연승을 하였으므로 (1)번 가설을 만드는 것이 상식적이다.

이것을 확률적 사고로 생각해보면 두 사람의 실력차이가 없다는 사실을 받아들이면 A가 매 시합에서 이길 확률은 $\dfrac{1}{2}$ 이므로

$$\text{3연승을 할 확률 } \left(\frac{1}{2}\right)^3 = \frac{1}{8} = 0.125$$

$$\text{5연승을 할 확률 } \left(\frac{1}{2}\right)^5 = \frac{1}{32} = 0.03125$$

이다. 이런 경우처럼, 확률에 대한 가정을 두고 (A가 이길 확률은 $p \leq \frac{1}{2}$), 두 선수 사이에 실제로 일어난 일에(5연승) 대한 확률을 계산하고 그 값이 어느 정도 작으면(0.03125) 올바른 가정($H_0$)을 잘못된 것이라고 판단하는 위험을 무릅쓰고라도 가정($H_0$)을 올바르지 않다고 판단하는 기법을 통계적 가설 검정법이라고 한다.

즉 귀무가설을 참으로 보면(두 사람의 실력이 같다 또는 B가 승률이 높다.) 선수 A가 5연승할 확률이 3.1% 정도이다. 3.1% 정도의 가능성이 있지만 만약 선수 A가 선수 B보다 실력이 뛰어나다고 결론을 내리면 3.1%의 오류가 발생하는 것이다. 즉 제 1종의 오류가 발생할 확률이 0.03125가 된다.

**[Ex 148]** 가설검정

A의 상자에는 검은색 공 8개와 흰색 공 2개, B의 상자에는 검은색 공 4개와 흰색 공이 6개, C의 상자에는 검은색 공 3개와 흰색 공 7개가 들어 있고, 상자는 구별할 수 없다. 지금 1개의 상자를 선택하고, "이 상자는 A이다"라는 가설을 세운다.
A 상자부터 3개의 공을 동시에 꺼내어 그 안에 2개 이상 검은 공이 포함되어 있으면 대립가설을 채택하고, 그렇지 않으면 대립가설을 기각하는 경우를 생각한다.

(1) 가설이 참일 때 기각하는 확률을 구하라.

(2) 가설이 옳지 않을 때(거짓일 때) 실수로 채택하는 확률을 구하라.

**Solution)**

가설 : 이 상자는 A이다.

(1) 가설이 참이므로 선택된 상자는 A이고 상자 A에서 흰색 공 2개와 검은색 공 1개를 뽑아야 채택이 될 확률은 흰색 공을 2개와 검은색 공 1개를 뽑아야 한다. 채택될 확률이

$$\frac{{}_8C_1\,{}_2C_2}{{}_{10}C_3} = \frac{1}{15}$$

이다. 따라서 기각될 확률은 $\frac{14}{15}$ 이다.

(2) 가설이 옳지 않을 때이므로 B와 C의 상자에서 선택된 경우이므로

$$p_B = \frac{{}_4C_3 \times {}_6C_0 + {}_4C_2 \times {}_6C_1}{{}_{10}C_3} = \frac{4+36}{120} = \frac{40}{120}$$

$$p_C = \frac{{}_3C_3 \times {}_7C_0 + {}_3C_2 \times {}_7C_1}{{}_{10}C_3} = \frac{1+21}{120} = \frac{22}{120}$$

이고 두 상자가 선택될 확률이 동일하므로 구하는 확률은

$$\frac{1}{2} \times \frac{40}{120} + \frac{1}{2} \times \frac{22}{120} = \frac{31}{120}$$

이다. ■

**[Ex 149]** 유의수준(위험률)

상자 안에 4개의 공이 들어 있다. 지금 잘 저어서 3개의 공을 동시에 꺼낸다. 꺼낸 공의 색을 조사하고 다시 상자에 넣는 실험을 2회 반복하였다. 이때 꺼낸 공의 색은 모두 다 빨간색이었다. 이 상자에 빨간색이 아닌 다른 색의 공이 포함되어 있다는 가설을 유의 수준(위험률) 5%로 검정하여라.

**Solution)**

가설 : 상자 안에 붉은 색이 아닌 다른 색의 공이 있다.

가설을 참이라고 하면 공 4개 중에서 다른 색의 공이 하나 있다. 이 경우 3개의 공을 뽑아서 모두 빨간색 공일 확률은 $p = \frac{{}_3C_3\,{}_1C_0}{{}_4C_3} = \frac{1}{4}$이고 두 번 모두 빨간색 공을 뽑을 확률은 $p^2 = \left(\frac{1}{4}\right)^2 = \frac{1}{16} = 0.0625$이다. 따라서 위험률이 0.05보다 크므로 이 가설을 기각할 수 없다. ■

**[Ex 150]** 유의수준(위험률)

강원도 지역의 옥수수 종자 발아율은 75%이다. 지금 충청도 지역 옥수수 종자를 무작위로 192알 심고 발아율을 알아보려고 한다. 이때 충청도 지방의 옥수수 종자 발아율이 신뢰도 95%로 강원도 지방의 옥수수 종자의 발아율과 같다고 생각되기 위해서는 192알

중에서 몇 알이 발아하면 되는가? 그 범위를 구하라.

**Solution)**

가설 : 충청도 지방의 옥수수 종자 발아율은 75%이다.

확률변수 $X$을 192알 중에서 발아한 종자의 수라 하면 $X$는 이항분포 $b(192,\ 0.75)$이다. 즉

$$E(X) = 192 \times 0.75 = 144,\quad V(X) = 192 \times 0.75 \times 0.25 = 36 = 6^2$$

이고 $n = 192$로 표본수가 충분히 크므로 확률변수 $X$는 근사적으로 정규분포 $N(144, 6^2)$을 따른다. 신뢰도 95% 신뢰구간을 구하면

$$P(144 - 1.96 \times 6 < X < 144 + 1.96 \times 6) = 0.95$$

로부터 $P(132.24 < X < 155.76) = 0.95$이므로 133개 이상 155개 이하로 발아하면 같다고 할 수 있다. ■

**[Ex 151]** 유의수준(위험률)

종자를 개량한 검은색 물고기 개체와 흰색 물고기 개체를 교배시켰는데, 검은색 개체만 얻었다. 이 2세대 검은색 물고기들을 교배시킨 3세대는 검은색 물고기 162마리, 흰색 물고기 63마리가 생겼다. 이 물고기의 체색의 유전이 멘델의 법칙에 따른다면 제3대의 체색의 비율은 3:1이 될 것이다. 이 실험 결과가 멘델의 법칙을 따르는지 아닌지를 유의수준 5%로 밝혀라.

**Solution)**

가설 : 멘델의 법칙을 따른다. (비율 3:1)

위 가설을 참이라고 하면 검은색 물고기의 비율이 $\dfrac{3}{4}$이고 3세대 물고기의 수는 225마리이다. 확률변수 $X$을 225마리 중에서 검은색 물고기 수라 하면 $X$는 이항분포 $b(225,\ 0.75)$이다. 즉

$$E(X) = 225 \times 0.75 = 168.75,\quad V(X) = 225 \times 0.75 \times 0.25 = \frac{225 \times 3}{4^2} = \left(\frac{15\sqrt{3}}{4}\right)^2$$

이고 $n = 225$로 표본수가 충분히 크므로 확률변수 $X$는 근사적으로 정규분포

$$N\left(168.75, \left(\frac{15\sqrt{3}}{4}\right)^2\right)$$

을 따른다. 유의수준 5%이므로

$$P\left(168.75 - 1.96 \times \frac{15\sqrt{3}}{4} < X < 168.75 + 1.96 \times \frac{15\sqrt{3}}{4}\right) = 0.95$$

로부터 $P(156.02 < X < 181.48) = 0.95$이므로 기각역은 $X \leq 156,\ X \geq 182$이다. 3세대 검은색 물고기의 수가 162마리이므로 기각역에 포함되지 않는다. 따리서 멘델의 법칙을 따른다는 가설을 기각할 수 없다. ■

**[Ex 152]** 유의수준(위험률)

아주 큰 주머니에 많은 흰색공과 검은색공이 있다. 주머니에서 400개의 공을 무작위로 꺼냈을 때 백구가 222개, 구가 178개 있었다. "흰색공과 검은색공의 비율은 같다"는 가설을 유의수준 5%로 검정하다. 단, $z$가 표준 정규 분포에 따를 때, $P(|z| \geq 1.96) = 0.05$.

**Solution)**

가설 : 흰색공과 검은색공의 비율은 같다. ⇔ 흰색공의 비율이 0.5이다.

확률변수 $X$을 400개의 공을 꺼낼 때 흰색공의 수라 하면 $X$는 이항분포 $b(400, 0.5)$이다. 즉

$$E(X) = 400 \times 0.5 = 200, \quad V(X) = 400 \times 0.5 \times 0.5 = 100 = 10^2$$

이고 $n = 400$로 표본수가 충분히 크므로 확률변수 $X$는 근사적으로 정규분포 $N(200, 10^2)$을 따른다. 유의수준 5%이므로

$$P(200 - 1.94 \times 10 < X < 200 + 1.96 \times 10) = P(180.4 < X < 219.6) = 0.95$$

이다. 흰색공이 222로 범위 밖에 있으므로 가설은 기각된다. ■

**[참고]** 위의 경우에서 기각역은 $X \leq 180,\ X \geq 220$이다.

**[Ex 153]** 유의수준(위험률)

임으로 추출된 지역의 특정기간에 출산아를 조사한 결과 남자 1596명, 여자 1540명이었다. 이지역의 남자와 여자의 출산율은 같다고 할 수 있는가? 유의 수준(위험률)5%로 검정하여라.

$$\text{단, } \int_0^{1.50} \frac{1}{\sqrt{2\pi}} e^{-\frac{x^2}{2}} dx = 0.43319 .$$

**Solution)**

가설 : 남자와 여자의 출산율은 같다. ⇔ 남자의 비율이 0.5 이다.

확률변수 $X$을 전체 3136 명에 대해 남자의 수라 하면 $X$는 이항분포 $b(3136,\ 0.5)$이다. 즉

$$E(X) = 3136 \times 0.5 = 1568, \quad V(X) = 3136 \times 0.5 \times 0.5 = 784 = 28^2$$

이고 $n = 3136$로 표본수가 충분히 크므로 확률변수 $X$는 근사적으로 정규분포 $N(1568, 28^2)$을 따른다. 그리고 $Y = \dfrac{X - E(X)}{\sigma} = \dfrac{X - 1568}{28}$는 표준 정규분포 $N(0, 1)$을 따른다.

측정결과 $X = 1596$이므로 $Y = \dfrac{1596 - 1568}{28} = 1$이다. 따라서

$$P(|Y| < 1) = P(|Y| < 1.5) = 2 \times 0.43319 = 0.86639 < 0.95$$

이다. 따라서 $X = 1596$는 기각역에 속하지 않으므로 가설은 기각되지 않는다. ■

**[Ex 154]** 가설검정

다음 표본은 정규분포 $N(a, 10^2)$을 따르는 모집단으로부터 추출하였다. 가설 "$a = 25$ 이다."을 유의수준 (위험률)5%로 검정하여라.

표본 : 28, 13, 16, 28, 29, 12, 14, 12, 10

**Solution)**

가설 : $a = 25$이다.

모집단이 정규분포이고 표본수가 $n = 9$ 이므로 표본평균 $\overline{X}$ 는

$$N\left(25, \frac{10^2}{9}\right) = N\left(25, \left(\frac{10}{3}\right)^2\right)$$

을 따른다. 따라서

$$P\left(25 - 1.96 \times \frac{10}{3} < \overline{X} < 25 + 1.96 \times \frac{10}{3}\right) = P(18.47 < \overline{X} < 31.53) = 0.95$$

즉 기각역은

$$\overline{X} < 18.47, \quad 31.53 < \overline{X}$$

이다. 추출된 9개 표본의 표본평균 $\overline{X} = \frac{1}{9}(28 + 13 + \cdots\cdots + 10) = \frac{162}{9} = 18.0$는 기각역에 속하므로 가설 "$a = 25$ 이다"는 기각된다. ■

**[참고]** 유의수준(위험율) 1%인 경우는 기각역이 $|\overline{X} - 25| > 2.58 \times \frac{10}{3}$ 으로부터

$$\overline{X} < 16.4, \quad 33.6 < \overline{X}$$

이 되어 $\overline{X} = 18.0$ 는 기각역에 포함되지 않는다. 따라서 가설을 기각할 수 없다. 즉 이 가설은 유의수준 5%에서는 기각되지만 유의수준 1%에서는 기각되지 않는다.

**[Ex 155]** 가설검정(임용고사 기출문제)

어느 대학에서, 작년도 전체 남자신입생의 신장의 평균치는 170.0cm, 표준 편차는 7.5cm이었다. 올해 입학한 남자신입생 중에서 무작위로 100명을 뽑아 신장을 조사했는데, 평균치가 168.0cm이었다. 올해의 남자 신입생의 신장 평균치는 지난해에 비해서 바뀌었다고 할 수 있는가? 5%의 유의 수준(위험률)에서 검정하여라.

**Solution)**

가설 : 올해의 남자 신입생의 신장 평균치는 170cm이다.

확률변수 $X$을 올해의 남자 신입생의 신장이라 하면 표본 수 $n = 100$으로 표본수가 충분히 크므로 확률변수 표본평균 $\overline{X}$는 정규분포 $N\left(170.0, \frac{7.5^2}{100}\right)$을 따른다. 유의수준

5%이므로

$$P\left(170.0-1.96\times\frac{7.5}{10}<\overline{X}<170.0+1.96\times\frac{7.5}{10}\right)=P(168.53<\overline{X}<171.47)$$
$$=0.95$$

이다. 따라서 기각역은 $\overline{X}<168.53$, $171.47<\overline{X}$이다. 금년 신입생 100명의 평균 신장이 168.0 이므로 기각역에 포함된다. 따라서 가설은 기각된다. 유의 수준 5%에서 올해의 남자 신입생의 신장 평균치는 지난해에 비해서 바뀌었다고 할 수 있다. ■

**[Ex 156]** 가설검정(상한단측검정)

어떤 주사위를 100회 던졌는데, 1의 눈이 24번 나왔다. 이 결과로 주사위 1의 눈이 나오기 쉽다고나 할 수 있는가? 귀무가설과 대립가설을 적고 유의 수준 5%로 검정하여라.

**Solution)**

주사위 던질 때 눈이 1이 나올 확률은 $p$ 라고 하자.

가설: 
- 귀무가설($H_0$) : $p\le\frac{1}{6}$ 이다.
- 대립가설($H_1$) : $p>\frac{1}{6}$ 이다.

확률변수 $X$을 주사위 100회를 던졌을 때 1의 눈이 나온 횟수라 하면 $X$는 이항분포 $b\left(100,\frac{1}{6}\right)$이다. 즉

$$E(X)=100\times\frac{1}{6}=16.67,\quad V(X)=100\times\frac{1}{6}\times\frac{5}{6}=13.89=3.73^2$$

이고 $n=100$ 로 표본 수가 크므로 확률변수 $X$는 근사적으로 정규분포 $N(16.7, 3.73^2)$을 따른다. 그리고 $Y=\frac{X-E(X)}{\sigma}=\frac{X-16.7}{3.73}$는 표준 정규분포 $N(0,1)$을 따른다. 측정결과 $X=24$이므로 $Y=\frac{24-16.7}{3.73}=1.9571$이다. 유의수준 5%인 경우의 단측검정이므로 기각역은 $P(Y<y)=0.95$을 만족하는 값은(표 참조) $y=1.64$이므로 기각역은 $Y>1.645$ 이고 $Y=1.9571$이므로 귀무가설은 기각되고 대립가설이 채택된다. 따라서

이 주사위는 던졌을 때 1인 눈이 나올 가능성이 더 높다. ■

**[Ex 157]** 가설검정

현재 특정 질병에 사용하는 약의 치료율이(효과가 있는 확률)은 0.6이라고 알려져 있다. 새로운 신약을 개발한 회사가 신약을 200명의 환자에게 투여한 결과 134명의 환자에 효험이 있었다고 한다. 새롭게 개발한 신약은 기존의 약보다 뛰어나다고 할 수 있을까? 유의 수준 5%로 검정하여라.

**Solution)**

새롭게 개발한 신약의 치료율을 $p$ 라고 하자.

$$\text{가설:} \begin{cases} \text{귀무가설}(H_0): & p \le 0.6 \text{ 이다.} \\ \text{대립가설}(H_1): & p > 0.6 \text{ 이다.} \end{cases}$$

확률변수 $X$을 200명에게 신약을 투여했을 때 효과가 있는 사람의 수라고 하면 $X$는 이항분포 $b(200,\ 0.6)$이다. 즉

$$E(X) = 100 \times 0.6 = 120, \quad V(X) = 200 \times 0.6 \times 0.4 = 48 = (4\sqrt{3})^2$$

이고 $n = 200$으로 표본 수가 충분히 크므로 확률변수 $X$는 근사적으로 정규분포 $N(120,\ 4\sqrt{3^2})$을 따른다. 따라서

$$P(X \le E(X) + 1.64\sigma) = P(X \le 120 + 1.64 \times 4\sqrt{3}) = P(X \le 131.36) = 0.95$$

이므로 기각역은 $X > 131.36$ 이다. 측정값이 134 이므로 귀무가설 "$p \le 0.6$ 이다." 는 기각된다. 따라서 유의수준 5%에서 신약의 치료율이 더 높다고 할 수 있다. ■

**[참고]** 위 문제에서 양측검정의 경우는 기각역이 $X < 106.42$, $X > 133.57$이 되고 이 경우에도 측정값이 134 이므로 귀무가설은 기각된다.

**[Ex 158]** 확률밀도함수

확률변수 $X$의 확률 밀도 함수가

$$f(x)=\begin{cases}\left(\dfrac{1}{2}\right)^{x} & (x=1,2,3,\cdots)\\ 0 & (\text{기타})\end{cases}$$

로 정의될 때, $X$의 분산은?

**Solution)**

$$E(X)=\sum_{k=1}^{n}\frac{k}{2^k}=1\times\frac{1}{2}+2\times(\frac{1}{2})^2+3\times(\frac{1}{2})^3+\cdots$$

이므로

$$\frac{1}{2}E(X)=1\times(\frac{1}{2})^2+1\times(\frac{1}{2})^3+1\times(\frac{1}{2})^4+\cdots=1$$

이다. 따라서 윗 식에서 아래 식을 뺀 결과는

$$\frac{1}{2}E(X)=1\times\frac{1}{2}+1\times(\frac{1}{2})^2+1\times(\frac{1}{2})^3+1\times(\frac{1}{2})^4+\cdots=1$$

이다. 즉, 기댓값 $E(X)=2$ 이다. 한편 확률변수 $X^2$의 기댓값을 위와 같은 방법에 의해서 구해보면 다음과 같다.

$$① \ E(X^2)=1^2\times\frac{1}{2}+2^2\times(\frac{1}{2})^2+3^2\times(\frac{1}{3})^3+4^2\times(\frac{1}{4})^4+\cdots$$

$$② \ \frac{1}{2}E(X^2)=1^2\times(\frac{1}{2})^2+2^2\times(\frac{1}{2})^3+3^2\times(\frac{1}{3})^4+4^2\times(\frac{1}{4})^5+\cdots$$

따라서

$$\begin{aligned}③=①-②&=\frac{1}{2}E(X^2)\\&=\frac{1}{2}+3\times(\frac{1}{2})^2+5\times(\frac{1}{3})^3+\cdots+(2n-1)\times(\frac{1}{2})^n+\cdots\end{aligned}$$

이다. 또한 ③의 양변에 $\frac{1}{2}$를 곱하면

$$④ \ \frac{1}{4}E(X^2)=1\times(\frac{1}{2})^2+3\times(\frac{1}{2})^3+\cdots+(2n-3)\times(\frac{1}{2})^n+\cdots$$

이다. 따라서

$$
\begin{aligned}
③-④ &= \frac{1}{4}E(X^2) \\
&= 1\times(\frac{1}{2})^2 + 2\times(\frac{1}{2})^3 + 2\times(\frac{1}{2})^4 + \cdots + 2\times(\frac{1}{2})^n + \cdots \\
&= \frac{3}{2}
\end{aligned}
$$

이다. 즉, $E(X^2)=6$이다. 따라서 분산 $V(X)=E(X^2)-E(X)^2=6-4=2$이다. ■

**[Ex 159]** 임용고사 기출문제

확률변수 $X$가 [표]에 나타는 분포를 따를 때, $X$의 분산을 최대가 되게 하는 $x$의 값은?

| $X$ | 0 | 3 | 5 |
|---|---|---|---|
| $P$ | $y$ | $\frac{1}{3}$ | $x$ |

**Solution)**

$$\text{기댓값 } E(X)=0\cdot y+3\cdot\frac{1}{3}+5x=5x+1$$

이므로

$$\text{분산 } V(X)=0^2\cdot y+3^2\cdot\frac{1}{3}+5^2x-(5x+1)^2=-25x^2+15x+2$$

이다. 따라서

$$x=-\frac{15}{2\cdot(-25)}=\frac{3}{10}$$

이다. ■

## 20. 교원임용고사 기출문제

**[Ex 160]** 임용고사 기출문제

두 개의 동전을 동시에 6번 던졌다. 두 개 모두 앞면이 나오는 횟수를 $X$ , 적어도 한 개가 뒷면이 나오는 횟수를 $Y$ 라 할 때, $(X-Y)^2$ 의 기댓값은?

**Solution)**

$X \sim B(6, \frac{1}{4})$이므로 $E(X)=\frac{3}{2}$, $V(X)=\frac{9}{8}$이고,

$$E(X^2)=V(X)-E(X)^2=\frac{9}{8}+\frac{9}{4}=\frac{27}{8}$$

이다. 한편, 두 개의 동전을 던질 때 나올 가능성은 $HH, HT, TH, TT$ 이다. 따라서 두 개의 동전을 던질 경우 모두 앞면이 나오거나 혹은 적어도 하나는 뒷면이 나온다. 따라서 $X+Y=6$이다. 즉, $Y=6-X$이다. 따라서 $(X-Y)^2=(2X-6)^2=4X^2-24X+36$ 이다. 즉,

$$E(Y-X)^2=4E(X^2)-24E(X)+36=\frac{27}{2}$$

이다. ■

**[Ex 161]** 임용고사 기출문제

동전 2개를 던질 때 앞면이 나오는 개수를 확률 변수 $X$ 라 하고, 확률 변수 $Y$ 를

$$Y=\begin{cases} 0, & X=0,2 \\ 1, & X=1 \end{cases}$$

으로 정의할 때, 다음 물음에 답하시오.

(1) 다음 표를 완성하시오.

$X$ 의 확률분포

| $X$ | $P(X)$ |
|---|---|
| 0 | |
| 1 | |
| 2 | |
| 합 | |

$Y$ 의 확률분포

| $X$ | $P(X)$ |
|---|---|
| 0 | |
| 1 | |
| 합 | |

$X$ 와 $Y$ 의 확률분포

| $X$ \ $Y$ | 0 | 1 | 합 |
|---|---|---|---|
| 0 | | | |
| 1 | | | |
| 2 | | | |
| 합 | | | 1 |

(2) $X$와 $Y$의 공분산(covariance) $\sigma_{XY}$를 구하시오

(3) $X$와 $Y$의 독립성 여부를 판별하시오.

**Solution)**

(1)

$X$ 의 확률 분포

| $X$ | $P(X)$ |
|---|---|
| 0 | $\frac{1}{4}$ |
| 1 | $\frac{1}{2}$ |
| 2 | $\frac{1}{4}$ |
| 합 | 1 |

$Y$ 의 확률 분포

| $Y$ | $P(Y)$ |
|---|---|
| 0 | $\frac{1}{2}$ |
| 1 | $\frac{1}{2}$ |
| 합 | 1 |

$X$ 와 $Y$ 의 결합 확률 분포

| $X$ \ $Y$ | 0 | 1 | 합 |
|---|---|---|---|
| 0 | $\frac{1}{4}$ | 0 | $\frac{1}{4}$ |
| 1 | 0 | $\frac{1}{2}$ | $\frac{1}{2}$ |
| 2 | $\frac{1}{4}$ | 0 | $\frac{1}{4}$ |
| 합 | $\frac{1}{2}$ | $\frac{1}{2}$ | 1 |

(2) $E(X)=0\times\frac{1}{4}+1\times\frac{1}{2}+2\times\frac{1}{4}=1$이고 $E(Y)=0\times\frac{1}{2}+1\times\frac{1}{2}=\frac{1}{2}$

$$E(XY)=0\times0\times\frac{1}{4}+0\times1\times0+1\times0\times0+1\times1\times\frac{1}{2}+2\times0\times\frac{1}{4}+2\times1\times0$$
$$=\frac{1}{2}$$

따라서 $\sigma_{XY}=E(XY)-E(X)\cdot E(Y)=0$이다.

(3) $P(X=2,\ Y=0)=\frac{1}{4}$이고, $P(X=2)\cdot P(Y=0)=\frac{1}{8}$이므로
$P(X=2,\ Y=0)\neq P(X=2)\cdot P(Y=0)$이다. 따라서 독립이 아니다. ■

**[Ex 162]** 이항분포: 임용고사 기출문제

확률변수 $X$가 이항분포 $B(n,p)$를 따를 때, $X$의 평균(기댓값)이 $np$임을 보이시오.

**Solution)**

$X_i$을 '성공'일 확률이 $p$인 $i$번째의 베르누이 확률변수라 하면 각각이 독립인 $n$개의 베르누이 확률변수의 합 $X$가 모수 $(n,p)$을 갖는 이항확률변수이다. 즉

$$X = X_1 + X_2 + \cdots + X_n, \quad \text{단 } X_i = \begin{cases} 1, & i\text{번째 베르누이 확률변수가 성공} \\ 0, & i\text{번째 베르누이 확률변수가 실패} \end{cases}$$

이다. 그리고 베르누이 확률변수의 기댓값이 $E[X_i] = p$ 이므로

$$E[X] = E[X_1] = E[X_2] + \cdots + E[X_n] = np$$

이다. ■

(별해) 확률변수 $X$의 확률질량함수는 $f(x) = {}_nC_x p^x q^{n-x}$(단 $x = 0, 1, \cdots, n$이고 $q = 1 - p$이다.)이다. 이산확률변수의 적률생성함수의 정의에 의하여 확률변수 $X$의 적률생성함수는

$$M_X(t) = E(e^{tX}) = \sum_{x=0}^{n} e^{tx} \cdot f(x) = \sum e^{tx} \binom{n}{x} p^x (1-p)^{n-x} = \{pe^t + (1-p)\}^n$$

이다. 확률변수 $X$의 적률생성함수 $M_X(t)$를 변수 $t$에 관하여 미분하면

$$M_X'(t) = n(pe^t + 1 - P)^{n-1} pe^t$$

이다. 여기서 $t = 0$을 대입하면 $E(X) = M_X'(0) = np$이다. 즉 $X$의 평균(기댓값)은 $np$이다.

**[Ex 163]** 이항분포

확률변수 $X$ 가 이항분포 $B(n, p)$ 를 따를 때, $X$ 의 분산이 $np(1-p)$ 임을 보이시오.

**Solution)**

이항확률변수는 독립적으로 시행되는'성공'일 확률 $p$인 베르누이 확률변수의 합으로 표시되므로 $X_i$을 $i$번째 시행이 성공이면 1이고 실패이면 0인'성공'일 확률 $p$를 갖는 베르누이 확률변수라 하면

$$X = X_1 + \cdots + X_n$$

이다. 그리고 독립적으로 시행되므로

$$Var(X) = Var(X_1) + \cdots + Var(X_n)$$

이고

$$\begin{aligned} Var(X_i) &= E[X_i^2] - (E[X_i])^2 \\ &= E[X_i] - (E[X_i])^2 \\ &= p - p^2 \end{aligned}$$

인 사실로부터 $Var(X) = np(1-p)$이다. ■

**[Ex 164]** 임용고사 기출문제

앞면이 나올 확률이 $p$ $(0 < p < 1)$인 동전을 학생 $A$가 $n$번 던지고, 학생 $B$가 $2n$번 던진다. 학생 $A$가 던져서 앞면이 나온 횟수와 학생 $B$가 던져서 앞면이 나온 획수의 합이 2일 때, 학생 $A$가 던져서 앞면이 나온 횟수가 1일 확률이 $\dfrac{6}{13}$이다. $n$의 값을 구하시오.

**Solution)**

(1) 학생 $A$가 던져서 앞면이 나온 횟수를 $a$, 학생 $B$가 던져서 앞면이 나온 횟수를 $b$라 할 때 주어진 문제는 $P(a=1 \mid a+b=2) = \dfrac{6}{13}$를 만족하는 자연수 $n$을 구하는 문제이다.

(2) $P(a=1) = {}_nC_1 p^n q^{n-1}$, $P(b=1)$

$$= {}_{2n}C_1 p q^{2n-1},\ P(a+b=2) = {}_{3n}C_2 p^2 q^{3n-2}$$

이므로

(3) $$\frac{6}{13} = P(a=1 \mid a+b=2) = \frac{P(a=1 \cap a+b=2)}{P(a+b=2)}$$
$$= \frac{P(a=b=1)}{P(a+b=2)}$$
$$= \frac{{}_nC_1 p q^{n-1} \cdot {}_{2n}C_1 p q^{2n-1}}{{}_{3n}C_2 p^2 q^{3n-2}}$$
$$= \frac{4n^2}{3n(3n-1)}$$

이다. 따라서 $26n^2 = 9n(3n-1)$이다. 즉, $n^2 - 9n = 0$이다. 한편 $n$은 자연수이므

로 $n=9$이다. ■

**[Ex 165]** 임용고사 기출문제

이산형 확률변수 $X$ 의 적률생성함수(moment generating function)가 다음과 같다.

$$M_X(t)=E\left[e^{tX}\right]=\frac{2}{5}+\frac{1}{5}e^{-t}+\frac{2}{5}e^{t}\,(t\text{는 실수})$$

일 때 확률변수 $Y=X^2$ 의 평균과 분산은?

**Solution)**

적률 생성함수 $M_X(t)=E[e^{tX}]=\frac{2}{5}+\frac{1}{5}e^{-t}+\frac{2}{5}e^{t}$ 의 각 도함수를 구하면

$$M_X{}'(t)=-\frac{1}{5}e^{-t}+\frac{2}{5}e^{t},\ M_X{}'(0)=\frac{1}{5}$$
$$M_X{}''(t)=\frac{1}{5}e^{-t}+\frac{2}{5}e^{t}=M_X{}^{(4)}(t),\ M_X{}''(0)=\frac{3}{5}=M_X{}^{(4)}(0)$$
$$M_X{}'''(t)=-\frac{1}{5}e^{-t}+\frac{2}{5}e^{t},\ M_X{}'''(0)=\frac{1}{5}$$

이다. 적률생성함수의 성질에 의하여 각 도함수에 $t=0$을 대입한 계수는 각 확률변수의 기댓값과 같다.

즉, $E(X^k)=\left[\frac{\partial^k M_X(t)}{\partial t^k}\right]_{t=0}$ 이므로, $E(X)=\frac{1}{5}E(X^3)$, $E(X^2)=\frac{3}{5}=E(X^4)$이다.

따라서 확률변수 $Y=X^2$의 기댓값은

$$E(Y)=E(X^2)=\frac{3}{5}$$

이고 분산은

$$V(Y)=E(Y^2)-[E(Y)^2]=E(X^4)-\{E(X^2)\}^2=\frac{6}{25}$$

이다. ■

**[Ex 166]** 임용고사 기출문제

확률변수 $X$ 의 확률밀도함수 $f(x)$가 $f(x)=\begin{cases} ke^{-3x} & (x\ge 0) \\ 0 & (x<0) \end{cases}$일 때, $k$의 값을 결정하고, $X$의 기댓값 $E(X)$를 구하시오.

**Solution)**

$f(x)$가 확률밀도 함수이므로 $1=\int_{-\infty}^{\infty} f(x)\,dx=\int_0^{\infty} ke^{-3x}\,dx=\left[-\frac{k}{3}e^{-3x}\right]_0^{\infty}=\frac{k}{3}$ 이므로 $k=3$이다. 따라서 기댓값은 다음과 같다.

$$\begin{aligned} E(X) &= \int_0^{\infty} 3xe^{-3x}\,dx \\ &= \left[-xe^{-3x}\right]_0^{\infty} - \int_0^{\infty}(-e^{-3x})dx \\ &= \int_0^{\infty} e^{-3x}\,dx \\ &= \left[-\frac{1}{3}e^{-3x}\right]_0^{\infty} = \frac{1}{3} \end{aligned}$$

■

**[Ex 167]** 임용고사 기출문제

연속확률변수 $X$의 확률밀도함수(probability density function) $f(x)$가

$$f(x)=\frac{2}{3}x\,(1<x<2)$$

이다. 확률변수 $Y=\frac{2}{X}$에 대하여 $Y$ 의 기댓값 $E[Y]$의 값은?

**Solution)**

$$E[Y]=E\left[\frac{2}{X}\right]=2E\left[\frac{1}{X}\right]=2\int_{-\infty}^{\infty}\frac{1}{x}f(x)\,dx=2\int_1^2\frac{1}{x}\frac{2}{3}x\,dx=\frac{4}{3}$$

이다. ■

**[Ex 168]** 임용고사 기출문제

구간 $[0,1]$에서 독립적으로 세 수 $x_1$, $x_2$, $x_3$을 취하여 이들의 최댓값을 확률변수 $X$로 할 때, $X$의 확률밀도함수 $f(x)$는?

**Solution)**

확률변수 $X_i$ (단, $i=1,2,3$)는 구간 $[0,1]$의 모든 실수의 값을 취하고 이 사이에서 같은 확률을 가지므로 확률분포는

$$f(x_i)=\begin{cases}1 & \text{if } 0\le x_i\le 1\\ 0 & \text{if } otherwise\end{cases}$$

이고 누적분포함수는

$$F(x_i)=P(X_i<x_i)=\int_{-\infty}^{x_i} f(t)\,dt=\int_0^{x_i} 1\,dt=x_i$$

이다(단, $i=1,2,3$). 이때, 확률변수 $X$는 $X=\max\{X_1, X_2, X_3\}$이므로 확률변수 $X$의 누적분포함수는 다음과 같다.

$$\begin{aligned}F(x)=P(X<x)&=P(\max\{X_1,X_2,X_3\})\le x\\ &=P(X_1\le x_i, X_2\le x_2, X_3\le x_3)\\ &=P(X_1\le x_1)\cdot P(X_2\le x_2)\cdot P(X_3\le x_3)\\ &\qquad(\because x_1,x_2,x_3 \text{ 가 독립이므로 성립한다.})\\ &=x\cdot x\cdot x=x^3\end{aligned}$$

이다. 따라서 $X$의 확률밀도함수는 $f(x)=\dfrac{d}{dx}F(x)=3x^2$이다. 즉,

$$f(x)=\begin{cases}3x^2 & \text{if } 0\le x\le 1\\ 0 & \text{if } otherwise\end{cases}$$

■

**[Ex 169]** 임용고사 기출문제

확률변수 $X$ 가 구간 $[1,5]$에서 균등분포(uniform distribution)를 이룰 때, $X$의 확률밀도함수, 평균, 분산을 각각 구하시오.

**Solution)**

$X$의 확률밀도함수를 $f(x)$라 하면

$$f(x)=\begin{cases}\frac{1}{4} & \text{if } 1 \le x \le 5 \\ 0 & \text{if } otherwise\end{cases}$$

이므로

$$E(X)=\int_1^5 xf(x)dx=\int_1^5 \frac{x}{4}dx=\left[\frac{x^2}{8}\right]_1^5=3$$

이다. 또

$$E(X^2)=\int_1^5 x^2 f(x)dx=\int_1^5 \frac{x^2}{4}dx=\left[\frac{x^3}{12}\right]_1^5=\frac{31}{3}$$

이므로

$$V(X)=E(X^2)-[E(X)]^2=\frac{31}{3}-9=\frac{4}{3}$$

이다. ■

**[Ex 170]** 임용고사 기출문제

1, 2, 3, 4 의 숫자가 중복되지 않게 한 개씩 각 면에 새겨져 있는 사각연필이 있다. 이 사각연필을 굴렸을 때 각 면이 나올 확률이 같다고 하자. 이 사각연필을 80번 굴렸을 때 윗면에 나온 수의 합이 216 이상일 확률을 $x$라 할 때, 표준정규분포함수 $\Phi(z)$를 이용하여 $x$를 가장 가깝게 나타낸 것은? (단, '표준정규분포함수'는 $Z$ 가 표준 정규 확률변수일 때 확률 $\Phi(z)=P(Z \le z)$로 정의된다.)

**Solution)**

사각연필을 한 번 굴려서 윗면에 나온 수를 확률변수 $X$ 라 할 때, 각 면이 나올 확률은 동일하므로 확률변수 $X$ 의 확률분포 표는 아래와 같다.

| $X$ | 1 | 2 | 3 | 4 | 합계 |
|---|---|---|---|---|---|
| $P(X=x)=f(x)$ | $\frac{1}{4}$ | $\frac{1}{4}$ | $\frac{1}{4}$ | $\frac{1}{4}$ | 1 |

$k$번째 확률변수를 $X_k$라 하면 $X_1, X_2, \cdots, X_{80}$은 독립이므로 $X=X_1+X_2+\cdots+X_{80}$.

$$E(X_k)=\sum_{i=1}^{4}x_ip_i=\frac{1}{4}(1+2+3+4)=\frac{5}{2},$$
$$V(X_k)=\sum_{i=1}^{4}(x_i{}^2p_i)-[E(X)]^2=\frac{1}{4}(1^2+2^2+3^2+4^2)-\frac{25}{4}=\frac{5}{4}$$
$$E(X)=E(X_1+X_2+\cdots+X_{80})=E(X_1)+E(X_2)+\cdots+E(X_{80)}=80\times\frac{5}{2}=200$$
$$V(X)=V(X_1+X_2+\cdots+X_{80})=V(X_1)+V(X_2)+\cdots+V(X_{80})=80\times\frac{5}{4}=100$$

이다. 따라서 $P(X\geq 216)=P(Z\geq\frac{216-200}{\sqrt{100}})=P(Z\geq 1.6)=1-\Phi(1.6)$이다. ■

**[Ex 171]** 임용고사 기출문제

정규분포 $N(m,\sigma^2)$을 따르는 확률변수 $X$가 $P(X\leq 5)=P(X\geq 7)$을 만족시키고, $E(X^2)=45$일 때, $\frac{m}{\sigma}$의 값은?

**Solution)**

정규분포의 확률은 표준화 되어

$$P(X\leq 5)=P(Z=\frac{X-m}{\sigma}\leq\frac{5-m}{\sigma})$$

이고

$$P(X\geq 7)=P(Z=\frac{X-m}{\sigma}\geq\frac{7-m}{\sigma})$$

이다. 이때 두 확률은 표준정규 분포곡선에서 각각 양쪽 꼬리의 확률을 의미하고 두 확률이 같기 위해서는 $\frac{5-m}{\sigma}+\frac{7-m}{\sigma}=0$이다. 따라서 $m=6$이다. $E(X^2)=45$이므로 분산 $\sigma^2=V(X)=E(X^2)-m^2=9$이다. 따라서 $\sigma=3$이다. 즉 $\frac{m}{\sigma}=2$이다. ■

**[Ex 172]** 임용고사 기출문제

정육면체 모양의 주사위가 있다. 이 주사위의 두 면에는 3, 나머지 네 면에는 1, 2, 3, 4가 각각 하나씩 적혀있다. 이 주사위를 288번 던질 때 짝수 눈이 나오는 횟수를 확률변수

$X$라 하면 $X$는 이항분포 $B(n, p)$를 따른다. 이때, $X$의 평균 $E(X)$와 분산 $V(X)$를 구하고, 짝수 눈이 88번 이상 112번 이하로 나올 확률 $P(88 \le X \le 112)$를 정규근사시켜 구하시오. (단, $P(88 \le X \le 112)$를 n하는 과정에서 연속성 수정(continuity correction)은 하지 않는다. 그리고 $Z$가 표준정규 확률변수일 때, $P(0 \le Z \le 1) = 0.3413$, $P(0 \le Z \le 2) = 0.4772$이다.)

**Solution)**

① 주사위의 면에는 짝수가 2, 4뿐이므로 짝수가 나올 확률은 $p = \frac{2}{6} = \frac{1}{3}$이다. 따라서 $X$는 이항분포 $B(288, \frac{1}{3})$를 따른다.

② 따라서 $E(X) = 288 \cdot \frac{1}{3} = 96$, $V(X) = 288 \cdot \frac{1}{3} \cdot \frac{2}{3} \cdot 64 = 8$이다.

즉 288이 충분히 큰 수이므로 $X \sim N(96, 8^2)$이다.

③ 따라서

$$\begin{aligned} P(88 \le X \le 122) &= P\left(\frac{88-96}{8} \le z \le \frac{112-96}{8}\right) \\ &= P(-1 \le z \le 2) \\ &= P(0 \le z \le 1) + P(0 \le z \le 2) \\ &= 0.3413 + 0.4772 = 0.8185. \end{aligned}$$

■

**[Ex 173]** 임용고사 기출문제

400명 정원에 5000명이 응시한 시험성적이 100점 만점에 평균 55, 표준편차 8인 정규분포에 따른다고 하자. 이때 1차 합격자의 수가 모집정원의 120%라면 1차 합격자의 최저점수는 얼마인가? (단, $P(0 \le z \le 1.3) = 0.4040$이다.)

**Solution)**

400명 정원에 1차 합격자의 수가 모집정원의 120%이므로 1차 합격자의 수는 $400 \times 1.2 = 480$(명)이고 1차에 합격할 확률은 $p = \frac{480}{5000} = 0.096$이다. 시험점수를 $X$라 하면 가정에 의해서 확률분포는 정규분포 $N(55, 8^2)$를 따르므로 확률변수 $X$를 표준화변수 $Z = \frac{X-55}{8}$에 의해서 표준정규분포 $N(0, 1)$로 변환하면 구하는 확률은

$$P(X \geq x_0) = P(Z = \frac{X-55}{8} \geq \frac{x_0 - 55}{8}) = 0.096$$

이고 여사건의 확률에 의하여 위의 확률은

$$P\left(0 \leq Z \leq \frac{x_0 - 55}{8}\right) = 0.5 - 0.096 = 0.4040$$

이다. 문제의 조건에 의해서

$$Z = \frac{X-55}{8} = 1.3$$

이다. 따라서 $x_0 = 65.4$이다. 즉 1차 합격자의 최저 점수는 65.4점이다. ■

**[Ex 174]** 임용고사 기출문제

정규분포에 따르고, 분산이 16인 모집단에서 크기가 64인 표본을 임의 추출하여 조사한 결과, 표본평균이 6.085이었다. 이때 가설 "모평균은 5이다."를 기각하기 위한 최소의 유의수준은?

<표준정규분포표>

| $z$ | 1.88 | 1.96 | 2.17 | 2.24 | 2.58 |
|---|---|---|---|---|---|
| $P(0 \leq Z \leq z)$ | 0.4700 | 0.4750 | 0.4850 | 0.4875 | 0.4950 |

**Solution)**

모분산 $\sigma^2 = V = 16$이고, 표본의 크기 $n = 64$이므로 정규분포 검정을 한다.

① 가설 : 귀무가설 $H_0 : \mu = 5$, 대립가설 $H_1 : \mu \neq 5$

② 유의수준 : $\alpha = ?$

③ 검정통계량 : $Z = \dfrac{\overline{X} - m}{\dfrac{\sigma}{\sqrt{n}}} = \dfrac{6.085 - 5}{\dfrac{4}{\sqrt{64}}} = 2.17$

④ 기각역 : $|Z| = 2.17 > z_{\frac{\alpha}{2}}$ 이다.

⑤ 결론 : $|Z| = 2.17 > z_{\frac{\alpha}{2}}$ 일 때, $H_0$는 기각된다.

기각역에서 $z=2.17$일 때, $P(0 \le Z \le 2.17)=0.485$이므로 한쪽 꼬리의 확률은 $0.5 - 0.485 = 0.015$이다. 따라서 양쪽 꼬리의 확률인 구하는 유의수준은 $\alpha = 2 \times 0.015 = 0.03 = 3(\%)$이다. ■

**[Ex 175]** 임용고사 기출문제

평균이 $m$, 분산이 4인 정규분포에 따르는 모집단에서 크기 $n$인 임의표본을 추출하여 그 표본에서 얻은 평균을 $\overline{X}$라고 할 때, 다음 물음에 답하시오.

(1) $n=100$, $\overline{X}=10$일 때, 신뢰도 95%로 $m$의 신뢰구간을 구하시오.

(2) $|\overline{X}-m| \le \frac{1}{2}$인 확률이 95% 이상이 되게 하려면 $n$의 크기를 얼마로 하면 되는지 구하시오.

**Solution)**

모분산이 $\sigma^2=4$로 알려진 경우의 모평균 $\mu$의 신뢰구간은 표준정규분포를 이용하므로 신뢰구간은

(1) 신뢰도 95%의 신뢰구간은 $[\overline{X}-1.96\frac{\sigma}{\sqrt{n}},\ \overline{X}+1.96\frac{\sigma}{\sqrt{n}}]$이고,

$$1.96\frac{\sigma}{\sqrt{n}} = 1.96\frac{2}{\sqrt{100}} = 0.392$$

이므로 신뢰구간은 $[10-0.392,\ 10+0.392] = [9.608,\ 10.392]$이다.

(2) 신뢰도 95%의 평균 $m$의 신뢰구간은

$$\overline{X}-1.96\frac{2}{\sqrt{n}} \le \overline{X}-m \le \overline{X}+1.96\frac{2}{\sqrt{n}}$$

이므로

$$-1.96\frac{2}{\sqrt{n}} \le \overline{X}-m \le 1.96\frac{2}{\sqrt{n}}$$ 이고, $|\overline{X}-m| \le \frac{1}{2}$

인 확률이 95%이상 되게 하려면 $\sqrt{n} \ge 4 \times 1.96 = 7.84$이다. 즉, $n \ge (7.84)^2 = 61.4656$이다. 따라서 $n$의 크기는 62이상이다. ■

**[Ex 176]** 임용고사 기출문제

어느 도시의 성인 중 20% 가 $A$ 통신사를 이용한다고 한다. 이 도시의 성인 400명을 임의로 조사할 때, $A$ 통신사를 이용하는 성인이 80명 이상 92명 이하가 될 확률을 이항분포의 정규근사를 이용하여 구하면 $P(0 \le Z \le k)$이다. $k$의 값을 구하시오. (단, $Z$는 표준정규분포를 따르는 확률변수이고 연속성 보정은 하지 않는다.)

**Solution)**

이항분포 $B(400, \frac{1}{5})$이므로 평균 $\mu = 80$이고 분산 $\sigma^2 = 64$인 정규분포 $N(80, 8^2)$을 따른다. 따라서 $Z = \dfrac{X-\mu}{\sigma}$이므로

$$P(80 \le X \le 92) = P(0 \le Z \le \frac{3}{2})$$

이다. 따라서 $k = \dfrac{3}{2}$이다. ■

**[Ex 177]** 임용고사 기출문제

모집단 $A$는 어떤 지역의 20세 남자들로 이루어져 있다. 모집단 $A$에 속하는 남자의 키는 $175cm$, 표준편차 $5cm$인 정규분포를 따른다고 한다. 모집단 $A$에서 임의의 뽑은 남자의 키($cm$)와 몸무게($kg$)를 각각 확률변수 $X$, $Y$라 할 때, $Y = \dfrac{2}{5}X + \alpha$가 성립한다고 하자. 여기서, $\alpha$는 평균 0, 표준편차 $2\sqrt{3}$인 정규분포를 따르는 확률변수이고, $X$와 $\alpha$는 독립이다. 확률 $P(Y > 72) = P(Z > k)$일 때, $k$의 값을 구하시오. (단, $Z$는 표준정규분포를 따르는 확률변수이다,)

**Solution)**

(1) $X$ 는 $N(175, 25)$인 정규분포를 따르고, $\alpha$는 $N(0, 12)$인 정규분포를 따른다.

(2) $E(Y) = E\left(\dfrac{2}{5}X + \alpha\right) = \dfrac{2}{5}E(X) + E(\alpha) = 70$이고, $X$와 $\alpha$가 독립이므로 공분산 $Cov(X, \alpha) = 0$이다. 따라서

$$V(Y) = V\left(\frac{2}{5}X + \alpha\right) = \left(\frac{2}{5}\right)^2 V(X) + V(\alpha) = 4 + 12 = 16$$

이다. 즉, $Y$는 $N(70, 16)$인 정규분포를 따른다.

(3) 따라서

$$P(Y>72)=P\left(Z>\frac{72-70}{4}\right)=P\left(Z>\frac{1}{2}\right)=P(Z>k)$$

이다. 즉, $k=\dfrac{1}{2}$ 이다. ■

**[Ex 178]** 임용고사 기출문제

인구가 10만인 도시에서 시정(市政)에 대한 여론을 조사하였더니 남자 성인의 80%와 여자 성인의 90% 가 시정(市政)을 지지하였다. 이 도시에서 남자 성인 400명과 여자 성인 400명을 임의로 뽑았을 때, 다음의 확률을 구하시오.

(1) 적어도 700명이 시정(市政)에 대하여 지지할 확률

(2) 시정(市政)에 대한 지지자 중 여자가 남자보다 25명이 더 많을 확률

<표준정규분포 표>

| $k$ | 0.00 | 0.01 | 0.02 | 0.03 | 0.04 | 0.05 | 0.06 | 0.07 | 0.08 | 0.09 |
|---|---|---|---|---|---|---|---|---|---|---|
| 1.5 | .4332 | .4354 | .4357 | .4370 | .4382 | .4394 | .4406 | .4418 | .4429 | .4441 |
| 1.6 | .4452 | .4463 | .4474 | .4484 | .4495 | .4505 | .4515 | .4525 | .4535 | .4545 |
| 1.7 | .4554 | .4564 | .4573 | .4528 | .4591 | .4599 | .4608 | .4616 | .4625 | .4633 |
| 1.8 | .4641 | .4649 | .4656 | .4664 | .4671 | .4678 | .4686 | .4693 | .4699 | .4706 |
| 1.9 | .4713 | .4719 | .4726 | .4732 | .4738 | .4744 | .4750 | .4756 | .4761 | .4767 |
| 2.0 | .4772 | .4778 | .4783 | .4788 | .4793 | .4798 | .4803 | .4808 | .4812 | .4817 |
| 2.1 | .4821 | .4826 | .4830 | .4834 | .4838 | .4842 | .4846 | .4850 | .4854 | .4857 |

**Solution)**

남자 성인 한 명은 시정을 지지하거나 지지하지 않는 두 가지의 결과가 예상되므로 베르누이시행이다. 그리고 이 것은 독립적으로 400명에게 적용되므로 이항시행이다.

(1) 남녀 성인 각각 400명 중 시정(市政)에 대한 지지자의 수를 차례로 $X$, $Y$라 하면 $X\sim B(400,\ 0.8)$, $Y\sim B(400,\ 0.9)$이다. $n=400$은 충분히 큰 수이므로 $X$, $Y$는 근사적으로, 정규분포를 따른다. 즉 $X\sim N(320,\ 8^2)$, $Y\sim N(360,\ 6^2)$이다. 한편, $X$, $Y$는 서로 독립이므로

$$E(X+Y)=E(X)+E(Y)=360+320=680$$
$$V(X+Y)=V(X)+V(Y)=36+64=100$$

이다. 즉, $X+Y \sim N(680, 10^2)$이다. 따라서

$$P(X+Y \geq 700) = P(Z \geq 2)$$
$$= 0.5 - P(0 \leq Z \leq 2)$$
$$= 0.5 - 0.472 = 0.0228$$

(2) $X$, $Y$가 서로 독립이므로

$$E(Y-X) = E(Y) - E(X) = 360 - 320 = 40$$
$$V(Y-X) = V(Y) - V(X) = 36 + 64 = 100$$

이다. 따라서 $Y-X \sim N(40, 10^2)$이다. 따라서

$$P(Y-X=25) = P(Y-X \geq 25) - P(Y-X > 25)$$
$$= P(Z \geq 1.5) - P(Z \geq -1.6)$$
$$= 0.4452 - 0.4432 = 0.0120$$

■

**[Ex 179]** 임용고사 기출문제

2003년도 전국학력평가에 응시한 수험생 중에서 자연계 수험생 64명, 인문계 수험생 9명을 임의로 선택하여 수리 영역의 점수를 조사하였다. 그 결과 자연계 수험생은 평균이 48점, 표준편차가 5.6점이었고, 인문계 수험생은 평균이 42점, 표준편차가 7.5점이었다. 자연계와 인문계에 응시한 수험생 전체의 수리영역 점수가 각각 정규분포를 이룬다고 가정하고 두 집단의 평균점수를 추정하려 한다. 다음 물음에 답하시오.

(1) 아래의 표준정규분포 표를 이용하여 자연계 수험생 전체의 수리 영역 평균점수를 신뢰도 95%의 신뢰구간으로 추정하시오

<표준정규분포표 ($P(0 \leq Z \leq z)$)>

| $z$ | .05 | .06 |
|---|---|---|
| 1.6 | .4505 | .4515 |
| 1.7 | .4599 | .4608 |
| 1.8 | .4678 | .4686 |
| 1.9 | .4744 | .4750 |

(2) 아래의 $t-$분포표를 이용하여 인문계 수험생 전체의 수리 영역 평균점수를 신뢰도 95%의 신뢰구간으로 추정하시오.

<$t-$분포표 $(P(t \geq t_{\alpha})=\alpha)$>

| 자유도 \ $\alpha$ | .05 | 0.025 |
|---|---|---|
| 7 | 1.895 | 2.365 |
| 8 | 1.860 | 2.306 |
| 9 | 1.833 | 2.262 |
| 10 | 1.812 | 2.228 |

**Solution)**

(1) 표에서 $P(0 \leq Z \leq 1.96)=0.475$이므로 $P(-1.96 \leq Z \leq 1.96)=0.95=95\%$이다. 따라서 구하고자 하는 신뢰구간은 다음과 같다.

$$\overline{X}-1.96\frac{\sigma}{\sqrt{n}} \leq m \leq \overline{X}+1.96\frac{\sigma}{\sqrt{n}}$$

이제 자연계의 수험생 64명 자연계 수험생은 평균이 48점, 표준편차가 5.6점이므로 $n=64$, $\overline{X}=48$, $\sigma=5.6$을 위의 식에 대입하면 $46.628 \leq m \leq 49.372$이다.

(2) 인문계에 응시한 수험생 전체의 수리 영역 점수가 정규분포를 이루므로 인문계 수험생 전체의 수리 영역 평균점수 $m$, 표본평균 $\overline{X}$와 표본의 표준편차 $\sigma$라 두면 확률변수

$$U=\frac{\overline{X}-m}{\frac{\sigma}{\sqrt{n}}}$$

는 자유도가 $n-1$인 $t-$분포를 따른다. 이때 $n=9$이므로 자유도는 8이고 따라서 $P(t \geq t_0)=\alpha$에 $\alpha=0.025$를 대입하면 표에 의해 자유도 8일 때 $t_{\alpha}=2.306$이다. 그런데 인문계 수험생은 평균이 42점, 표준편차가 7.5점이므로

$$\overline{X}-2.306\frac{\sigma}{\sqrt{n}} \leq m \leq \overline{X}+2.306\frac{\sigma}{\sqrt{n}}$$

에 $\overline{X}=42$, $\sigma=7.5$을 대입하면

$$36.235 \le m \le 47.765$$

이다. ■

**[Ex 180]** 임용고사 기출문제

과거조사에 의하면 어느 지역의 초등학교 5학년 학생들의 신장은 평균 141.0cm이었다. 줄넘기운동이 또래 아이들의 신장 발육에 도움이 되는지를 알아보고자 체육활동에서 이 운동을 적극 권장하여 실시하여 왔다. 이 운동을 꾸준하게 실시한 또래 아이들 중 임의로 추출한 81명의 신장을 조사한 결과 평균 142.2cm, 표준편차 6.0cm 이었다. 줄넘기 운동이 아이들의 신장 발육에 도움이 된다고 할 수 있는지를 유의수준 $\alpha = 0.05$ 도 다음 단계와 같이 검정할 때 (가), (나), (다)에 알맞은 것은? (단 이 지역 아이들의 과거와 현재의 생활환경과 영양섭취 등은 같고, 아이들의 신장은 정규분포를 따른다고 가정한다.)

<1단계> 가설검정

귀무가설 $H_0$에 대한 대립가설 $H_1$: [ (가) ]

<2단계> 검정통계량과 분포

표본의 크기가 $n=81$로 충분히 크므로 귀무가설 $H_0$가 참이라는 가정 하에서 검정통계량 $Z=\dfrac{\overline{X}-\mu}{S\sqrt{n}}$는 표준정규분포 $N(0,1)$에 근사한다.

(단, $\overline{X}$는 표본평균, $\mu$는 모평균, $S$는 표본 표준편차이다.

<3단계> 유의수준 $\alpha = 0.05$에 대한 기각역은 [ (나) ].

<4단계> 검정통계량의 관측값을 구한다.

<5단계> 결론

검정통계량의 관측값을 기각역과 비교한 결과 줄넘기 운동이 신장발육에 [ (다) ].

**[참고]** $Z \sim N(0,1)$일 때, $P(|Z| \le 1.645) = 0.90$, $P(|Z| \le 1.96) = 0.95$이다.

| | (가) | (나) | (다) |
|---|---|---|---|
| ① | $\mu > 141.0$ | $Z \ge 1.645$ | 도움이 된다고 할 수 있다. |
| ② | $\mu > 141.0$ | $Z \ge 1.96$ | 도움이 된다고 할 수 있다. |

③ $\mu > 141.0$ $|Z| \geq 1.96$ 도움이 된다는 충분한 증거가 없다.

④ $\mu > 142.2$ $Z \geq 1.96$ 도움이 된다는 충분한 증거가 없다.

⑤ $\mu > 142.2$ $Z \geq 1.645$ 도움이 된다는 충분한 증거가 없다.

**Solution)**

<1단계> 가설

$$\text{가설:} \begin{cases} \text{귀무가설}(H_0): & \mu \leq 141.0 \text{ 이다.} \\ \text{대립가설}(H_1): & u > 141.0 \text{ 이다.} \end{cases}$$

<2단계> 검정통계량의 분포

표본수가 81이므로 표준 정규분포의 근사값 $Z = \dfrac{\overline{X} - \theta_0}{\dfrac{s}{\sqrt{n}}}$ 을 사용한다.

<3단계> 유의수준 $\alpha = 0.05$ 이고 상한 단측검정이므로 $P(Z > 1.645) = 0.05$ 이므로 기각역은 $(1.645, \infty)$ 영역이다. 즉 비교값이 1.645이다.

<4단계> 검정통계량의 관측값을 구한다.

$$Z = \frac{\overline{X} - \theta_0}{\dfrac{s}{\sqrt{n}}} = \frac{142.2 - 141.0}{\dfrac{6.0}{\sqrt{81}}} = \frac{1.2 \times 9}{6} = 1.8 \quad \in (1.645, \infty)$$

<5단계> 1.645보다 관측값이 1.8로 크므로 관측값이 기각역에 속한다. 따라서 귀무가설을 기각하고 대립가설을 채택한다. 즉 도움이 된다고 할 수 있다. 따라서 정답은 ①번이다. ■

# 확률통계

지은이 박정현
펴낸이 조경희
펴낸곳 경문사
펴낸날 2017년 12월 5일 1판 1쇄
2020년 3월 5일 1판 2쇄
등 록 1979년 11월 9일 제1979-000023호
주 소 04057, 서울특별시 마포구 와우산로 174
전 화 (02)332-2004 팩스 (02)336-5193
이메일 kyungmoon@kyungmoon.com
facebook facebook.com/kyungmoonsa

값 11,000원

ISBN 979-11-6073-100-2

★ 경문사 홈페이지에 오시면 즐거운 일이 생깁니다.
http://www.kyungmoon.com

한국과학기술출판협회 회원사